Das bietet Ihnen die CD-ROM

Instandhaltungsplaner

Planen und steuern Sie mit diesem Excel-Tool die Instandhaltung Ihrer Immobilie und steigern Sie so deren Wert.

- Inspektionen regelmäßig planen
- Durchführung von Wartungen protokollieren
- energetische Verbesserung

Checklisten

Detaillierte Checklisten unterstützen Sie bei der Erfassung des Zustands einer Immobilie

- Grundstück
- Heizungs- und Energieversorgung
- Wohnungen
- Fassade

Schritt-für-Schritt-Guide

Nutzen Sie die Schritt-für-Schritt-Guides für Ihre systematische Vorbereitung und Planung

- Immobilienkauf vorbereiten
- Energiekosten senken

Gesetze und Verordnungen

Lesen Sie im Wortlaut nach in den für Sie wichtigen Gesetzen und Verordnungen nach

- Immobilienwertermittlungsverordnung
- Energieeinsparverordnung 2009
- Erneuerbare-Energien-Wärmegesetz

Liebe Leserin, lieber Leser,

ob es das individuelle Flair ist, der Stuck an der Decke, die hervorragende Lage oder der erschwingliche Preis: Gute Gründe, sich für den Kauf eines Altbaus zu entscheiden, gibt es viele. Doch Obacht! Denn wer vom Charme eines alten Gebäudes begeistert ist, übersieht rasch bauliche oder technische Mängel oder merkt erst, wenn es zu spät ist, dass der schönen Wohnung ein Zimmer fehlt.

Damit Sie „nachhaltig" in Ihren neuen vier Wänden glücklich sind, bietet Ihnen dieses Buch zahlreiche Entscheidungshilfen und wichtige Informationen zur Bewertung eines Altbaus.

Dabei berücksichtigt das Buch ganz unterschiedliche Perspektiven: Denn es ist ebenso wichtig, dass Ihre Wünsche und damit auch die emotionale Seite des Themas angesprochen werden, wie auch die technischen Details, die bezüglich Grundriss, Heizung, Fenster und Dämmung usw. zu berücksichtigen sind. Und selbstverständlich gibt Ihnen das Buch sowohl Hilfen an die Hand, um die Preise, die auf dem Markt für Häuser und Wohnungen verlangt werden, zu bewerten, als auch alle Informationen, die rund um die neue Energieeinsparverordnung 2009 und den Energieausweis für Sie von großer Bedeutung sind.

Die CD-ROM bietet Ihnen darüber hinaus hilfreiche Arbeitsmittel wie den Instandhaltungsplaner und die Schritt-für-Schritt-Anleitungen und Checklisten aus dem Buch, die Sie bei der Begehung eines Objekts unterstützen und Ihnen zugleich als Protokoll dienen können.

Hans Jürgen Krolkiewicz, im Mai 2010

MEINE IMMOBILIE

Hans Jürgen Krolkiewicz

Der Altbau

Auswahl, Kauf, Modernisierung

HAUFE.

Bibliografische Information der Deutschen Nationalbibliothek

Die Deutsche Nationalbibliothek verzeichnet diese Publikation in der Deutschen Nationalbibliografie; detaillierte bibliografische Daten sind im Internet über http://dnb.d-nb.de abrufbar.

ISBN 978-3-448-10138-6 Bestell-Nr.: 06432-0001

Redaktionsanschrift: Fraunhoferstraße 5, 82152 Planegg/München
Telefon: (089) 895 17-0
Telefax: (089) 895 17-290
www.haufe.de
online@haufe.de
Produktmanagement: Jasmin Jallad

Gesamtbetreuung: Ulrich Leinz, 10829 Berlin
Redaktion: Kristina Frenzel, 10409 Berlin, Ulrich Leinz, 10829 Berlin
Umschlag: Barbara Loy, 80689 München
Druck: fgb • freiburger graphische betriebe, Freiburg

Zur Herstellung dieses Buches wurde alterungsbeständiges Papier verwendet.

Inhaltsverzeichnis

Schritt für Schritt zu den eigenen vier Wänden

Der Kauf einer Altbauwohnung oder eines Hauses will wohl überlegt sein. Denn schließlich geht es um viel Geld! Damit Sie beim Immobilienkauf eine sichere und gute Wahl treffen, zeige ich Ihnen in diesem Kapitel Schritt für Schritt, wie Sie vorgehen können.

Nehmen Sie sich Zeit und gehen Sie die zehn Schritte dieses Kapitels in Ruhe durch. Das Ziel dieses Kapitels ist es, dass Sie Ihre Vorstellungen von Ihrer Immobilie schärfen, dass Sie einschätzen können, was für Sie finanzierbar ist, und dass Sie einen Überblick bekommen über die zahlreichen technischen und baulichen Aspekte, auf die Sie – eventuell unter Zuhilfenahme eines Sachverständigen – beim Kauf achten sollten.

Nehmen Sie sich Zeit!

Übereilen Sie nichts, lassen Sie sich ausreichend Zeit, um sorgfältig zu prüfen, wie Sie das erwählte Objekt erwerben und an die eigenen Wünsche – beispielsweise durch Modernisierungen oder Umbau – anpassen können. Lassen Sie sich niemals unter Druck setzen, auch wenn das Angebot noch so verlockend klingt.

1. Schritt: Wie sieht Ihr Traumhaus bzw. Ihre Traumwohnung aus?

Der erste Schritt auf dem Weg zum Kauf einer Immobilie ist, die eigenen Vorstellungen und Wünsche zu visualisieren. Sammeln Sie dazu Artikel, Bilder, Informationen, legen Sie sich eine Liste an, in der Sie die für Sie wichtigen Ideen eintragen, usw.

- Sie finden beispielsweise Informationen in Tageszeitungen und Zeitschriften in der Rubrik „Bauen und Wohnen".
- Im Internet können Sie ebenfalls ein breites Informationsangebot durchforsten.
- Fragen Sie Bekannte und Freunde nach deren Erfahrungen mit dem Haus- oder Wohnungskauf.

Schreiben Sie auf oder drucken Sie aus, was Sie interessiert. Vielleicht sammeln Sie alles in einem Ordner, und legen sich so eine kleine Datenbank an, auf die Sie dann immer wieder zurückgreifen können. Ordnen Sie die Informationen, die Sie sammeln thematisch. Sie können sich dabei zum Beispiel an den Themen der zehn Schritte in diesem Kapitel orientieren.

EXPERTENTIPP

Klären Sie für sich, was Ihr Hauptziel ist

So könnte Ihr Hauptziel lauten: Ich will für mich, meinen Partner, meine Familie ein Heim schaffen, in dem sich alle wohl fühlen und gerne wohnen, das die wichtigen Bedürfnisse erfüllt sowie Platz bietet zur Entfaltung und für Veränderungen.

Mit einer eigenen Datenbank lassen sich dann auch systematisch die Anforderungen, die sich aus dem Bedarf an Wohnraum, Ausstattung und Grundstück ergeben, definieren und damit ein „Idealplan" Ihrer Bedürfnisse aufstellen. Je intensiver Sie sich mit der Immobiliensuche beschäftigen, desto besser lassen sich Fehleinschätzungen und Mängel aufdecken und wichtige Fragen erkennen, die Sie dann vor der Kaufentscheidung mit Fachleuten diskutieren können.
Und diese gesammelten Unterlagen können sehr hilfreich sein, wenn es um die Entscheidungsfindung geht. Sie wird Ihnen helfen, die Vorzüge und Schwächen einzelner Angebote zu erkennen.

2. Schritt: Wozu soll Ihnen die Immobilie dienen?

Vor dem Kauf eines Hauses oder einer Wohnung sollten Sie genau festlegen, welche Wunschvorstellungen und welche Anforderungen an eine Immobilie Sie haben. Dabei geht es auch um die grundlegende Frage, ob Sie die Immobilie selbst bewohnen oder sie – zur Geldanlage – kaufen und vermieten wollen.
Je nachdem, wie diese Grundentscheidung bei Ihnen ausfällt, gibt es unterschiedliche Fragen zu klären, auf die ich im Folgenden eingehen möchte.
Am besten schreiben Sie sich dazu alles in Form eines Idealplans auf, beteiligen alle Familienangehörigen daran und diskutieren anschließend gemeinsam.

Ich will bzw. wir wollen in die Wohnung selbst einziehen

Wer einen Altbau oder eine Wohnung zur eigenen Nutzung – also nicht als Kapitalanlage – erstehen möchte, sollte zunächst die notwendige Wohnfläche ermitteln. Wenn Sie wissen, wie viele Personen in der Wohnung Platz haben sollen, können Sie die Wohnfläche anhand dieser Zahlen ermitteln:

- Für einen Zweipersonenhaushalt geht man normalerweise von einer Wohnfläche von mindestens 80 Quadratmetern aus.
- Bei vier Personen sollte man ab 100 Quadratmeter veranschlagen.
- Und für jede weitere Person rechnen Sie nochmals rund 15 Quadratmeter Wohnfläche hinzu.

Wünschen Sie besonderen Komfort?

Selbstverständlich kommt es immer auch auf die persönlichen Ansprüche und Notwendigkeiten an. Bei hohen Anforderungen an besonderen Komfort und Ausstattung – wie beispielsweise Terrasse, großer Balkon, mehrere Bäder, Loft, separates Arbeitszimmer usw. – ergibt sich schnell ein umfangreicher Bedarf an Fläche.
Ist grundsätzlich eine Eigennutzung vorgesehen, lassen sich im Einzelfall schnell Kompromisse finden. Jedoch sollte man niemals auf Notlösungen zurückgreifen – wenn beispielsweise die eigenen finanziellen Mittel nicht ausreichen und man deshalb Abstriche an Größe oder Ausstattung der Immobilie machen muss –, denn diese führen auf Dauer zu Unzufriedenheit und Streit in der Familie.
Haben Sie einmal gekauft und die Finanzierung dafür abgeschlossen, ist ein Umtausch oder schneller Verkauf oft nur mit Einbußen möglich. Denken Sie

bitte immer daran, dass die Kaufentscheidung, die Sie treffen, wenn vielleicht auch nicht für immer, so doch für sicherlich lange Zeit ihr Leben prägen wird.

Berücksichtigen Sie bei der Finanzierung weitere Kosten neben dem Kaufpreis

Bei Eigennutzung ist in der Regel die Finanzierung einfacher zu bewerkstelligen als bei Nutzung einer Immobilie als Geldanlage. Neben dem notwendigen Eigenkapital gibt es Fördermittel, die eingesetzt werden können.
Bedenken Sie aber immer, dass nicht allein der Kaufpreis zu finanzieren ist, sondern auch die kontinuierlich anfallenden Nebenkosten.
Auch müssen Immobilieneigentümer für alle Reparaturen und Sanierungsmaßnahmen selbst aufkommen. Deshalb ist es bei der Auswahl der Immobilie auch sehr wichtig, den kompletten Gebäudezustand sowie die Grundstücksausstattung zu prüfen. Denn bei Altgebäuden wird Ihr Finanzierer vor allem wissen wollen, ob die Bausubstanz gut ist und nicht durch nachträglich auftretende bauliche Schäden finanzielle Nachforderungen zu erwarten sind. Das müssen Sie auch belegen können. Wie Sie das tun, erfahren Sie ebenfalls in diesem Buch.

Ich will bzw. wir wollen Geld anlegen und die Immobilie vermieten

Möchten Sie ein Haus oder eine Wohnung als Kapitalanlage erwerben und generell vermieten, muss der Gesamtzustand des Grundstücks und des Gebäudes sorgfältig überprüft und dokumentiert werden.

Gebäudeprüfung und Energieausweis

Seit dem 1. Oktober 2009 gibt es aufgrund der überarbeiteten Energieeinsparverordnung (EnEV) bestimmte verbindliche Anforderungen an den Gebäudezustand bei Bestandsimmobilien (Altgebäude) und den Energieverbrauch für Heizung, Lüftung und Warmwasserbereitung. Somit ist eine Gebäudeprüfung unabdingbar.
Zudem wird in der EnEV 2009 auch die Erstellung eines sogenannten Energieausweises verbindlich gefordert. Beim Kauf verlangen Sie bitte vom Verkäufer die Vorlage des Energieausweises auf Basis des Gebäudezustandes, denn nur durch diesen erhalten Sie alle notwendigen Fakten über den baulichen Zustand und mögliche Nachbesserungen.
Dagegen sagt der von vielen Immobilienbesitzern erstellte Energieausweis nach Verbrauch gemäß der alten EnEV von 2007 nichts über den eigentlichen Gebäudezustand aus. Bei diesem Ausweis kann sich der Aussteller auch immer

auf die Angaben des für die Heiz- bzw. Energiekosten Zuständigen berufen und damit eine nachprüfbare Garantie unterlaufen.

EXPERTENTIPP

Haftung für die Angaben im Bedarfsausweis

Der Energieausweis nach EnEV 2009 muss vom Aussteller selbst unterschrieben werden. Damit haftet er persönlich für die gemachten Angaben. Bestehen Sie also immer auf einem sogenannten Bedarfsausweis. Achten Sie auch darauf, wann der Energieausweis erstellt wurde, denn er gilt nur zehn Jahre ab Ausstellungsdatum.

Für Gemischtimmobilien, beispielsweise wenn sich in einem Wohngebäude auch ein Laden, ein Büro oder ein Gewerbeteil befindet, wird seit dem 1. Oktober 2009 ebenfalls ein Energieausweis, der für alle Teilbereiche getrennt zu berechnen ist, verlangt. Die neue Art der Berechnung ist sehr aufwändig, weshalb ein Energieausweis generell nur noch von Personen ausgestellt werden darf, die eine entsprechende, qualifizierende Ausbildung abgeschlossen haben.
Der Ausweis kann von der örtlich zuständigen Baubehörde und dem zukünftigen Mieter zur Einsichtnahme angefordert werden. Außerdem wird Ihr Finanzdienstleister einen solchen Beleg erwarten.

3. Schritt: Welche Räume benötigen Sie, wie groß sollen sie sein?

Gehen Sie zunächst von den ganz nahe liegenden Fragen aus: Wie viel Quadratmeter Wohnraum soll Ihr zukünftiges Domizil haben und welche Räume sind unabdingbar.
Analysieren Sie Ihre gegenwärtige Wohnsituation und ermitteln Sie daraus den notwendigen Bedarf. Was wünschen Sie sich schon lange? Was fehlt Ihnen in der derzeitigen Wohnsituation? Worauf können Sie gut verzichten? Auf dieser Basis suchen Sie dann Ihr Wunschhaus.
Hilfreiche kann für die spätere Entscheidungsfindung sein, dass Sie die verschiedenen Wünsche und Anforderungen gewichten:

- Was ist ein unbedingtes Muss?
- Welche Kriterien sollte die Wohnung erfüllen?
- Was wäre, wenn auch nicht notwendig, so doch wünschenswert?

Die in der folgenden Tabelle genannten Räume decken zwar schon viele Bereiche ab, doch sollten Sie für sich selbstverständlich die Tabelle je nach Bedarf Ihren Anforderungen anpassen.

Räume und Raumgröße	
Raum	**Größe**
Esszimmer	
Wohnzimmer	
Küche	
Schlafzimmer (Eltern)	
Elternbad mit, ohne WC	
separates Eltern-WC	
Ankleidezimmer, begehbare Garderobe	
Kinderzimmer (Anzahl ...)	
Kinderbad	
Kinder-WC	
Spielzimmer	
Gästezimmer (Anzahl ...)	
Windfang	
Diele, Garderobe, Abstellkammer	
Gäste-WC	
Treppen (geschlossen, offen)	
Arbeitszimmer, Büroraum	
Atelier	
Studio, Bibliothek	
Hausarbeitsraum	
Kellerraum (trockener Lagerraum)	
Vorratsraum	
Hobbyraum	
Fahrradkeller	

Dachstudio	
Loftbereich	
Terrasse	
Balkon	
Waschküche, Raum für Waschmaschine	
Trockenraum	
Sauna, Fitnessraum	
Heizanlage	
Einliegerwohnung	
Garage im Haus	
Garage freistehend	
Carport	
Müllraum bzw. Mülltonnenabstellplatz	
Gartenlaube	

Die genaue Bedarfsanalyse steht am Beginn jeder Suche nach einer passenden Altimmobilie. Damit lässt sich während des eigentlichen Suchprozesses gezielt das passende Haus oder die Wohnung aus dem breiten Marktangebot wählen.
Sicher werden Sie schnell feststellen, dass Ihr Traumhaus bzw. Ihre Traumwohnung nicht so einfach zu kaufen ist. Obwohl das Angebot auf dem Immobilienmarkt sehr groß ist, fehlt genau das, was Sie suchen. Das ist eigentlich logisch, denn jedes bereits gebaute Haus ist anderen baulichen Zwängen und architektonischen Geschmäckern unterworfen. Deshalb ist die Suche nach der perfekten Immobilie kaum möglich, sinnvoll dagegen ist, nach der realistischen Immobilie zu suchen – also dem Haus, das den wesentlichen und wichtigsten Wunschvorstellungen ihrer Datenbank entspricht, sicher aber nicht allen Ansprüchen gerecht werden kann.
Während der Suche nach einer für Sie infrage kommenden Immobilie konzentrieren Sie sich zunächst auf die finanziellen und bau- bzw. heizungstechnischen Rahmenbedingungen. Achten Sie außerdem darauf, ob das vorliegende Angebot alle für Ihr Wunschhaus festgelegten Voraussetzungen erfüllt oder diesen zumindest sehr nahe kommt.

4. Schritt: Wie soll die Immobilie bautechnisch aussehen?

Für die Wahl einer Immobilie sind nicht allein die Optik, Zimmerzahl, Aufteilung und Lage wichtig, sondern auch die vorhandene Bausubstanz, Baukonstruktion und technische Ausstattung. Wohngebäude und Eigentumswohnungen werden zu oft nach dem Prospekt und der Immobilienbeschreibung gekauft, ohne dass bei einer Besichtigung auch der Heizkeller, Dachboden oder die Haustechnik in Augenschein genommen werden. Das kann jedoch im Nachhinein zu erheblichen Mehrkosten durch notwendige Sanierungen oder Reparaturen führen. Deshalb sollte jeder Interessent im Vorfeld der Immobiliensuche nicht nur seine Raumbedürfnisse, sondern auch seine Wünsche bezüglich der bau-, konstruktions- und haustechnischen Beschaffenheit festlegen.

- Entspricht das Haus bzw. die Wohnung, die Sie sich anschauen, dem was Sie wollen?
- Wollen Sie ein Haus aus Beton, Holz oder Mauerwerk haben?
- Wie soll die Dachform sein: Flachdach, Steildach, Walmdach, Pultdach, Mansarddach, mit Dachbegrünung, mit begehbarem Dach als Terrasse etc.,
- Mit welcher Energieform soll Warmwasser erzeugt und die Heizung betrieben werden: Heizöl, Erdgas, Flüssiggas im Tank, Fernwärme oder unter Einsatz erneuerbarer Energien wie Solarthermie, Erdwärme (Geothermie), Holzpellets, Biogas, Wärmepumpe, Kraft-Wärme-Kopplung usw.

Da Sie jedoch kein neues Haus bauen lassen möchten, müssen Sie zwangsläufig auf das zurückgreifen, was auf dem Markt angeboten wird. Deshalb sollten Sie sich auch mit den charakteristischen Merkmalen alter Gebäude in Hinblick auf das jeweilige Baujahr beschäftigen. Denn das Entstehungsjahr eines Hauses sagt viel über dessen baukonstruktive Besonderheiten und technische Ausstattung aus. Das gilt besonders für heute sehr wichtige Details wie die Schall- und Wärmedämmung, die technische Ausstattung der Heizanlage oder die Dachkonstruktion. Ab Seite Fehler! Textmarke nicht definiert. finden Sie eine Beschreibung der für die verschiedene Baujahre typischen Bauweisen und Mängel.

5. Schritt: Entsprechen Grundstück und Standort Ihren Vorstellungen?

Bei der Überlegung, ob der Standort der angebotenen Immobilie Ihren Anforderungen entspricht, sollten Sie folgende Punkte beachten:

Infrastruktur	Notizen
Geschäfte, Läden	
Lebensmittelläden	
Kiosk	
Bäckerei	
Metzgerei	
Apotheke	
Post- und Bankfilialen	
Polizeistation	
Bildung	
Kindergarten	
Grund- und weiterführende Schule	
Hochschule	
Musikschule	
Sportverein	
Kultur	
Kino	
Theater	
Restaurant	
Verkehrsmittel	
Bus, Straßenbahn	
U-Bahn, S-Bahn	
Regionalbahn, Fernbahn	
Gesundheit	
Ärzte	
Krankenhäuser	
...	

Ist das Grundstück mit öffentlichen Verkehrsmitteln schnell und gut erreichbar?

Falls nicht, müssen Sie immer das eigene Auto benutzen und sich evtl. sogar zusätzlich ein Auto anschaffen, damit alle Familienmitglieder verkehrstechnisch beweglich bleiben.

- Haben Sie Kinder, müssen Sie bedenken, wie diese zur Schule und wieder zurück kommen.
- Bei einer sehr entlegenen Immobilie ist wichtig, wie weit es bis zum nächsten Arzt bzw. Krankenhaus, zu den Einkaufsmöglichkeiten usw. ist. Durch ständige Fahrten können zusätzliche Kosten anfallen.
- Erreichen Feuerwehr, Krankenwagen oder Polizei über gut befahrbare (und im Winter geräumte) Wege das Gebäude?

Wie ist der öffentliche Ruf der Gegend?

Kann es zu Problemen kommen? Dies interessiert nicht nur Ihre finanzierende Bank. Wie steht es um den Beliebtheitsgrad, die Wohn- und Lebensqualität des Stadtteils oder der Gemeinde? Solche Aspekte beeinflussen nicht nur den Kaufpreis, sondern auch den Beleihungswert und später den Wiederverkaufswert.

Zufahrt zum Grundstück gesichert?

Besonders vorsichtig sollten Sie bei einem durch Teilung erschlossenen Grundstück sein oder wenn das Gebäude hinter einem anderen Haus auf dem Grundstück gebaut wurde. Gibt es Absichten, die vorhandene öffentliche Zufahrt baulich zu verändern? Dies können Sie beim zuständigen Bauamt erfragen.

Liegt die Immobilie in einem Wohngebiet?

Sehr wichtig ist auch das Umfeld des Grundstücks. Handelt es sich dabei um ein ruhiges Wohngebiet, ein Gebiet mit Gemischtbebauung oder liegt das Grundstück am Rand eines Gewerbe- und Industriegebietes? Den für das Gebiet maßgebenden Bebauungsplan, in dem die baulichen Möglichkeiten von der Gemeinde festgeschrieben sind, sollten Sie vor Kaufabschluss unbedingt bei der zuständigen untersten Baubehörde (Gemeindeamt, Bauamt) einsehen. Dies ist auch unbedingt notwendig, wenn Sie einen Umbau vornehmen wollen. Handelt es sich um eine Randbebauung unmittelbar neben einer Hochhaussiedlung? Falls ja, mindert das den Verkehrswert der Immobilie.

Liegt das Grundstück an einem Grünzug bzw. städtischen Grünbereich?

Ist bei einer offenen Bebauung auch gesichert, dass die jetzige freie Sicht nicht später zugebaut wird?

Erschließung: Ist das Grundstück bereits voll erschlossen oder kommen zusätzliche Erschließungskosten auf Sie zu?

Letzteres ist beispielsweise der Fall, wenn das Grundstück bisher über eine eigene Kläranlage entwässert wurde und später an einen öffentlichen Abwasserkanal angeschlossen werden muss.

Unterirdische Leitungen

Beachten Sie auch den Zustand der im Erdboden verborgenen Wasserleitungen und Stromkabel, denn bei ungepflegter und/oder beschädigter Abwasserleitung beispielsweise können hohe zusätzliche Kosten auf Sie zukommen. Lassen Sie sich vom Verkäufer einen Prüfnachweis oder die entsprechende Abrechnung der ausgeführten Maßnahmen vorlegen.

Geografische Lage

Steht das Gebäude an einem Hang, der evtl. im Winter nur schwierig zu erreichen ist?
Bei Hanglagen sollten Sie außerdem unbedingt nachfragen, ob es schon Erdrutsche, Grundbrüche oder Erdverschiebungen gegeben hat.
Bei extremer Hanglage lassen Sie sich einen statischen Nachweis über die Sicherung der Baukonstruktion vorlegen, denn sonst kann es nachträglich zu Sicherungsmaßnahmen kommen, die recht teuer sind.
Liegt das Grundstück in einer Erdbebenzone oder im Bereich von Bergsenkungsgebieten (ehemalige Zechen, Abbauregionen von Mineralien, Kies, Sand)?

Befindet sich die Immobilie an einem See, Flussufer oder Bachlauf?

Dann unterliegen die Uferbereiche in manchen Kommunen der behördlichen Aufsicht. Erkundigen Sie sich spätestens bei der Besichtigung, ob und welche Auflagen bestehen. Auch muss im Einzelfall der Hochwasserschutz beachtet werden. Dazu sollten Sie beim Wasserwirtschaftsamt den höchsten Grundwasserstand der letzten Jahre bzw. generell die Höhe des Grundwasserstandes nachfragen.

Altlasten

Gibt es alte Bodenbelastungen im direkten oder weiteren Umfeld, beispielsweise durch ehemalige Müllhalden, Sand- und/oder Kiesgruben, einen Flugplatz, Fabrik- und/oder Gewerbeflächen, Tankstellen, Kasernengelände, eine chemische Fabrik etc.?

Ist bekannt, ob es alte Bunkeranlagen oder verfüllte Stollen aus altem Bergbau gibt? Einsicht in entsprechende Unterlagen können Sie beim Katasteramt, Bergamt und bei der Baubehörde nehmen.

Naturschutzauflagen

Gibt es einen großen Bestand an alten Bäumen auf dem Grundstück? Diese können Sie nicht ohne Weiteres nach Ihrem Gutdünken fällen, sondern müssen Naturschutzauflagen beachten. Bei großen Stammumfängen benötigen Sie außerdem eine Genehmigung der zuständigen Behörde (Garten-, Forst-, Landratsamt, Naturschutzbehörde).

6. Schritt: Was können Sie umbauen? Müssen Sie modernisieren?

Ein wichtiger Aspekt bei der Auswahl ist, ob einerseits ein Gebäude modernisiert oder gar saniert werden muss und andererseits, ob es durch einen Umbau Ihren Bedürfnissen angepasst werden kann. Solange keine aufwändigen bautechnischen Eingriffe an tragenden Konstruktionsteilen – Wand, Decke, Dach – notwendig werden, ist eine Anpassung relativ einfach und kostengünstig möglich. Doch bei Altbauten, besonders bei Vorkriegsgebäuden, gibt es oft ein Problem: Die ursprünglichen Baupläne und Aufzeichnungen zur Gebäudestatik sind nicht mehr vorhanden. In diesen Fällen sollten Sie immer einen Fachmann zurate ziehen, mit dem Sie besprechen können, welche Umbauten möglich sind und welche nicht.

Aus eins mach zwei

Sehr wichtig ist es auch, an die zukünftige Entwicklung der Wohnungsbewohner bzw. der Familie zu denken. Denn in der Regel durchlaufen alle, die einziehen werden, unterschiedliche Lebensphasen und haben unterschiedliche Anforderungen an die Wohnung.
So kann beispielsweise mit der Teilung einer großen Altbauwohnung – die eventuell bereits zwei Zugänge hat – Eltern und Kindern jeweils ein eigener Lebensbereich geschaffen werden. Wenn die Kinder später ausgezogen sind, könnte die Teilwohnung vermietet und damit Abzahlung von Krediten beschleunigt werden. Oder die Teilwohnung wird später als Altenwohnung genutzt. Ist ein separates Treppenhaus vorhanden, kann später auch jede Teilwohnung zu einer eigenständigen Wohnung umgebaut oder Bereiche als Büro vermietet werden.

Ist eine Einliegerwohnung noch nicht vorhanden ist, muss genau geklärt werden, ob sie im Haus nachträglich errichtet werden kann (Bauvorschriften, Baukonstruktion).

Checkliste: Wie sehen die Details aus?

Das Wohnzimmer soll • einen offenen Kamin haben oder einbaubar sein Rauchzugführung) • einen Zugang zum Balkon/zur Terrasse haben • ...	
Die Küche soll • als Wohnküche genutzt werden können • direkt an das Esszimmer angeschlossen sein • einen Zugang zum Balkon/zur Terrasse haben, • ...	
Das Badezimmer soll • Tageslicht haben • mit einer Badewanne ausgestattet sein • ...	
Das Elternschlafzimmer soll • einen Zugang zum Balkon haben • ein Fenster Richtung Norden haben • ...	
Die Kinderzimmer sollen ermöglich, dass • die Kinder viel Platz zum Spielen haben • die Zimmer später rückgebaut werden können, um die Räume zu vermieten, wenn die Kinder ausgezogen sind.	
Die separate Toilette soll • im neben dem Badezimmer liegen • für Gäste leicht zugänglich sein •	
Das Dachgeschoss soll • ausgebaut sein • oder ausbaubar sein. (Achten Sie hierfür auf die Dachneigung.)	
Die Innentreppe soll ermöglichen	

• etagenweise abgeschlossene Wohnungen mit eigenem Zugang einzurichten.	
Die Fensterflächen sollen wegen des Wärmeverlusts nicht allzu groß sein, die Fenstergläser mindestens Zweischeiben-Isolierverglasung haben, vor den Fenstern sollen Rollläden, Fensterläden oder ein Sonnenschutz sein, die Rollladenkästen sollen gut wärmegedämmt sein.	
Generell soll der Schallschutz ausreichend sein. Bei Doppel- oder Reihenhäusern ist die Schallübertragung zwischen den Nachbarhäusern wichtig.	
Ein Keller soll vorhanden sein • Ganzunterkellerung oder • Teilunterkellerung • ...	
Im Untergeschoss oder Keller sollen • Waschküche, Trockenraum, Heizraum vorhanden sein • Lagerraum für Brennstoffe, Fahrradkeller, Müllraum, Hobbyraum etc. vorhanden sein	
Es soll eine direkte Verbindung zwischen Haus und Garage geben. und Garten geben.	
Bei Lage nahe einer Straße, (Straßen-)Bahnlinie, Autobahn, Einflugschneise von Flugplätzen usw. sollten die Verkehrslärmgeräusche durch entsprechende Baumaßnahmen und/oder Schalldämmfenster gut gemindert werden.	
Die Baukonstruktion soll energiesparend sein, erneuerbare Energien statt fossiler Brennstoffe sollen genutzt werden.	
Alle Wohnräumen sollen über eine Fußbodenheizung verfügen.	
Die Außenfassade soll aus Holz, Sichtmauerwerk, Naturstein, Putz, Metall etc. sein.	
Es soll ein Fachwerkhaus sein.	
Das Haus bzw. die Wohnung lässt sich altengerecht umbauen.	

Umbau und Modernisierung

Werden an einem bestehenden Gebäude Änderungen vorgenommen, sind bestimmte Vorschriften bzw. Gesetze zu beachten.
Zunächst ist die Frage zu klären, ob die baulichen Maßnahmen zu einer wesentlichen Änderung der bisherigen Nutzung führen. Dies ist beispielsweise der Fall, wenn ein Haus bisher als reines Bürogebäude – möglicherweise mit Gewerbeeinheiten wie Ladenflächen, Werkstatt u. Ä. – genutzt wurde und nun zum Wohnhaus umgebaut wird. In diesem Fall muss nicht nur die veränderte Nutzung mit der zuständigen Baubehörde abgestimmt werden, es sind auch andere Baubestimmungen zu beachten. Dazu zählen

- der Wärmeschutz-,
- der Brandschutz- und
- der Schallschutz sowie
- regionale Sonderauflagen wie beispielsweise der Nachweis von Stellflächen für Autos.

Zudem sind durch die Umnutzung andere Steuervorschriften maßgebend. Dies sollten Sie vor dem Umbau mit Ihrem Steuerberater besprechen, die baulichen Fragen wird der von Ihnen beauftragte Architekt klären.
Ist das Gebäude bereits ein Wohnhaus, sollten Sie dennoch vor dem Kauf nicht nur die Bausubstanz von einem Fachmann prüfen lassen, sondern unbedingt auch klären, wie hoch der zusätzliche Investitionsbedarf sein wird. Denn normalerweise müssen Sie bei Bestandsgebäuden immer mit weiteren Investitionen rechnen.
Auch wer nur eine Eigentumswohnung erwerben möchte, sollte sich vor dem Kauf gründlich über den baulichen Zustand des Gesamtgebäudes informieren. Hilfreich ist es, sich den Bestands-Energieausweis vom Verkäufer vorlegen zu lassen.
Achten Sie darauf, dass der Vordruck namentlich unterschrieben ist und wann er ausgestellt wurde. Nehmen Sie zudem Einsicht in die Protokolle und Abrechnungen der vergangenen Jahre, die der Eigentümerverwaltung vorliegen. Lassen Sie sich vom Verkäufer den Wirtschaftsplan der letzten Jahre und des kommenden Jahres vorlegen und prüfen Sie diese in Ruhe. Falls Ihnen die gemachten Angaben fragwürdig erscheinen, bestehen Sie immer auf einer schriftlichen Bestätigung, z.B. durch Heizkostenabrechnungen, Stromabrechnungen u. Ä. Bei älteren Gebäuden sollte die Hausverwaltung in ihrem Wirtschaftsplan mögliche Sonderzahlungen für Reparaturen und/oder Sanierungen in Abstimmung mit der Eigentümergemeinschaft bzw. den bisherigen Hauseigentümern festge-

legt haben. Achten Sie ebenfalls darauf, dass ausreichende Rücklagen dafür vorhanden sind, sonst können später zusätzliche Zahlungen auf Sie zukommen.

7. Schritt: Ist der Kaufpreis angemessen?

Inwieweit der Kaufpreis einer Bestandsimmobilie gerechtfertigt ist, können Sie überprüfen, indem Sie den vom Verkäufer genannten Pauschalpreis in seine Einzelbestandteile zerlegen.
Außerdem müssen Sie sich Vergleichspreise aus dem Umfeld des Immobilienangebotes besorgen und diese mit den Einzelkomponenten abgleichen. In den meisten Städten und Landkreisen gibt es dazu Gutachterausschüsse, in denen Sachverständige der Grundstücks- und Gebäudewertermittlung der betreffenden Region die Kaufpreise von Grundstücken und Gebäuden der vergangenen Jahre zusammentragen und dokumentieren. Daraus lassen sich Durchschnittswerte für bestimmte Gebäudetypen und der Verkehrswert von Grundstücken in einer bestimmten Region ermitteln. Die Dokumentation ist normalerweise frei zugänglich oder gegen eine geringe Gebühr einzusehen. Fragen Sie dazu in Ihrem Rathaus oder beim Landratsamt nach. Auf www.gutachterausschuesse-online.de gibt es zudem ein Nachschlagewerk, das landesweite Informationen enthält.

Keine Mehrwertsteuer bei Kauf von privat

Bedenken Sie auch, dass Immobilienpreise Bruttopreise sind, weshalb bei einem gewerblichen Verkäufer immer die Mehrwertsteuer in der Angebotssumme enthalten sein muss. Nur wenn Sie privat kaufen, fällt keine Mehrwertsteuer an.
Wichtig ist, dass Sie die exakten Quadratmeterpreise des Hauses oder der Wohnung und des evtl. dazugehörigen Grundstücks kennen. Verlangen Sie deshalb immer eine Flächenberechnung zum Angebot. In den Bauunterlagen (Bauplänen) ist diese normalerweise enthalten. Je nach Baujahr des Gebäudes gibt es dazu verschiedene Berechnungsarten. Das kann dazu führen, dass es für ein Gebäude unterschiedliche Gesamtflächenangaben gibt. Ungeachtet dessen erhalten Sie aber mit der vorgelegten Berechnung, die immer die Rechenwege und Aufmaßpläne enthalten sollte, ausreichende Angaben, um das Angebot stichprobenartig überprüfen zu können. Sicherheitshalber können Sie dafür vor Ort die Länge und Breite einiger Räume nachmessen und mit den vorliegenden Angaben vergleichen.
Ein Problem bei älteren Gebäuden ist, dass es oft keine Flächenberechnung gibt, die Baupläne verloren gegangen sind oder nicht mehr dem aktuellen Zustand

entsprechen. In einem solchen Fall empfiehlt es sich, von einem Fachmann eine Flächenberechnung nach der neuesten Wohnflächenverordnung durchführen zu lassen. Die Kosten dafür können Sie sich mit dem Verkäufer teilen.
Können die Flächenangaben des Verkäufers aus irgendeinem Grund nicht exakt nachgeprüft werden, kann eine Sicherheitsregelung im Kaufvertrag eingebaut werden: Bei wesentlicher Abweichung von den gemachten Angaben im Vergleich zu einer neuen Berechnung nach der WoFlV, beispielsweise um zehn Prozent, wird eine Minderung des Kaufpreises um einen festgelegten Preis vereinbart.

PRAXISBEISPIEL

Überprüfung des Kaufpreises für ein Gebäude mit Grundstück

Ein Verkäufer fordert für ein Einfamilienhaus 401.000,00 Euro

Die Eckdaten für Haus und Grundstück lauten:

- Keller, Erdgeschoss, ausgebautes Dachgeschoss, Wohnfläche: rund 186 qm
- Ausstattung: einfach bis mittleres Niveau,
- frei stehend,
- Baujahr 1972,
- reines Wohngebiet (WS) am Stadtrand, ruhige Wohnlage,
- gute Verkehrsanbindung,
- Grundstück voll erschlossen, Grundstücksgröße: rund 587 qm

Unterteilung des Kaufpreises

Grundstückswertanteil: 146.163,00 Euro

(Durchschnittlicher Quadratmeterpreis für Bauland im betreffenden Wohngebiet = 249,00 Euro/qm, multipliziert mit Grundstücksfläche 587 qm)

Gebäudewertanteil: 254.837,00 Euro

(Kaufpreis minus Grundstückswertanteil)

Kosten pro Quadratmeter Wohnfläche: 1.370,09 Euro

(Gebäudewertanteil geteilt durch Wohnfläche)

Voraussichtlicher Sanierungsaufwand

Sanierung Kelleraußenwand und Perimeterdämmung gem. EnEV	20.000 Euro
Neue Außenfenster gem. EnEV	18.000 Euro
Neue Hauseingangstür	2.700 Euro

Verbesserung der Fassadendämmung gem. EnEV	9.500 Euro
Verbesserung der Dachdämmung gem. EnEV	6.600 Euro
Dacheindeckung ausbessern mit Dachziegeln	4.500 Euro
Einbau neuer Heizbrenner	2.500 Euro
Verschiedene Heizkörper auswechseln	2.000 Euro
Sanierung der Elektroinstallation	4.600 Euro
Sanierung der Fliesen in Bad und WC	3.100 Euro
Sanierung der Sanitäreinrichtung	2.600 Euro
Sanierung der Fußbodenbeläge	1.600 Euro
Maler und Tapezierarbeiten	6.500 Euro
geschätzter Gesamtaufwand	84.200 Euro

Kosten pro Quadratmeter Wohnfläche saniert: 1.822,78 Euro

(Gebäudewertanteil plus Sanierungskosten geteilt durch Wohnfläche)

Kosten pro Quadratmeter Wohnfläche für einen gleichwertigen Neubau

(inkl. Kosten für Architekten, Erschließungsaufwand, Baukosten usw.)

einfache Ausstattung:	bis ca. 1.280 Euro
mittlere Ausstattung:	bis ca. 1.900 Euro
gehobene Ausstattung:	bis ca. 2.350 Euro
hochwertige Ausstattung:	über 2.350 Euro

Einschätzung

Mit einem finanziellen Aufwand von 1.822,78 Euro pro Quadratmeter Wohnfläche kostet das angebotene Gebäude fast so viel wie ein vergleichbarer Neubau mit mittlerer Ausstattung. Je nach persönlichen Ansprüchen ist zu entscheiden, ob der sanierte Altbau oder ein Neubau infrage kommt.

Ermittlung der Kosten nach Gewerken

Als Gewerk bezeichnet man handwerkliche und bautechnische Arbeiten im Hoch- und Tiefbau. Die Vergabe- und Vertragsordnung für Bauleistungen (VOB), aktuelle Ausgabe 2006, nimmt in ihren Teil C eine Unterteilung der Gewerke vor und beschreibt die zuständigen allgemeinen technischen Vertragsbedingungen für Bauleistungen. Die Einteilung nach Gewerken in der VOB wird meist differenzierter dargestellt, als es in der Praxis bei gewerkeweise Vergabe üblich ist.

Um die Kosten für die Gewerke kalkulieren zu können, nutzen Sie bitte die Checkliste auf der CD-ROM.

EXPERTENTIPP

Immer zuerst ein schriftliches Angebot erstellen lassen

Der öffentliche Auftraggeber ist zur gewerkeweisen Vergabe verpflichtet – dagegen können private Auftraggeber auch komplette Bauleistungen pauschal an einen Generalunternehmer vergeben.

Doch sollte der Baulaie bei dieser Art der pauschalen Auftragsvergabe sehr vorsichtig vorgehen und sich nicht zutrauen, ohne Vorkenntnisse, einen Baufachmann ersetzen zu können. Deshalb sollte ein privater Immobilienbesitzer immer ein Angebot vor Angebotsaufforderung sich von einem erfahrenen Fachmann (Ingenieur, Architekt, Energieberater, Handwerker, u. Ä.) schriftlich erstellen lassen und alle Angebote von diesen Fachleuten vor Vergabe überprüfen lassen.

Besonders ist in allen Fällen der Auftragsvergabe, im Vertrag schriftlich die entsprechenden Maßnahmen exakt zu beschreiben und Mengenmäßig zu erfassen. Auch sollte immer vertraglich immer das genaue Abnahmedatum der zu erbringenden Leistung tagegenau schriftlich festgelegt werden.

Was kostet die Immobilie insgesamt?

Vor dem Kauf einer Immobilie – also bereits bei der Festlegung des Finanzplanes und der Finanzierungsmöglichkeiten – sollten Sie nicht nur den eigentlichen Kaufpreis beachten, sondern unbedingt auch die zusätzlich entstehenden Kosten. Diese sind abhängig vom Gebäudezustand, dem Baujahr und somit den zukünftig notwendigen baulichen Maßnahmen.

Nebenkosten nicht vergessen!

Achten Sie bei Ihrer Kalkulation darauf, dass die Gesamtkosten für eine Immobilie höher sind als der vom Verkäufer angegebene Kaufpreis. Denn es kommen auf Sie weitere Nebenkosten zu, wie zum Beispiel

- Unterhalt,
- Rücklagen für die Instandhaltung und
- Aufwendungen für dringend notwendige Modernisierungsmaßnahmen.

Erfassen Sie daher detailliert sämtliche zu erwartenden Kosten. Bedenken Sie dabei bitte immer, dass der Verkäufer Ihnen in den seltensten Fällen einen Preis nennen wird, in dem die Kosten für notwendige Reparaturen, Sanierungen oder Modernisierungen sowie die beim Kauf fälligen Gebühren bereits enthalten sind. Diese müssen Sie meist selbst ermitteln. Zu Ihrer Unterstützung finden Sie auf den folgenden Seiten eine Aufstellung der wichtigsten Kostengruppen für den Kauf einer Bestandsimmobilie.

- Grunderwerbssteuer (ca. 3,5 Prozent des Kaufpreises)
- Reparaturkosten
- Sanierungskosten
- Modernisierungskosten (beispielsweise für Anpassung des Grundrisses an persönliche Wünsche, Änderung der Raumgröße, Einbau einer anderen Heizung oder Verbesserung der Energieeffizienz)
- Maklergebühr (ca. sechs Prozent des Gesamtkaufpreises zzgl. gesetzlicher Mehrwertsteuer – es gibt keinen festgelegten Honorarrahmen, eine Verhandlung lohnt sich.)
- Notarkosten (ca. 1 bis 2 Prozent des Kaufpreises)
- Grundbuchgebühr (ca. 0,5 Prozent des Kaufpreises)
- Kosten für Außenanlagen
- Vermessungskosten
- Honorare (für Gutachter, Architekten und Energieberater, gemäß Honorarordnung für Architekten und Ingenieure)
- Honorare für Statiker und Sonderfachleute
- Gebühren für den oder die Kreditgeber, also Zinsen für Baudarlehen und weitere Darlehensgebühren (unbedingt vor Abschluss des Darlehensvertrages erfragen und sich schriftlich bestätigen lassen)
- Bereitstellungszinsen, die Sie sich ebenso wie die Laufzeit für noch nicht in Anspruch genommene Kredite auch schriftlich vom Darlehensgeber bestätigen lassen sollten.
- Umzugskosten – ein Kostenfaktor, der oft vergessen wird. Holen Sie dafür ein schriftliches Angebot mit genau definierten Bedingungen ein.
- Versicherungsprämien, z.B. für die Gebäudeversicherung, Haftpflichtversicherung oder Versicherungen gegen Brand, Überschwemmung, Hagel und Unwetter (als Hausbesitzer müssen Sie z.T. notwendige Versicherungen abschließen, die Sie als Mieter vorher möglicherweise nicht kannten).
- Kalkulieren Sie unbedingt auch eine Reserve mit ein!

Die folgende Checkliste fasst die zu erwartenden Kosten noch einmal zusammen. Tragen Sie die Einzelposten für die von Ihnen ausgesuchten Immobilien direkt ein und Sie erhalten schnell einen Überblick über die Gesamtkosten. So haben Sie eine realistische Kostenbasis, um evtl. noch notwendige Darlehen kalkulieren zu können.

Checkliste Gesamtkosten Kauf

Position	**Kosten in Euro**
Geforderter Kaufpreis Gebäude mit Grundstück bzw. Eigentumswohnung	
Grunderwerbssteuer 3,5 %	
Notargebühren	
Beurkundung	
Vorkaufsrechtsverzichtserklärung	
Gebühr Fälligkeitsüberwachung	
Umschreibungsüberwachung	
Notaranderkonto	
Gerichtskosten	
Auflassungsvormerkung	
Eigentumsumschreibung	
Löschung Auflassungsvormerkung	
Grundschuldeintragung	
je Grundbuchauszug beglaubigt	
Finanzierungskosten Bank	
Wertschätzungsgebühren	
Bereitstellungskosten Darlehen	
Zusatzkosten	
Maklergebühr i. d. R. 3,48 %	
Erschließungsbeiträge Gemeinde / Stadt	
Anwaltskosten (Beratung, Kaufvertrag, u. Ä.)	
Honorar Sachverständiger	

Honorar Architekt	
Untersuchung von Boden, Wasserprobe, usw.	
Gebäudesanierung	
Sanierung Grundstück	
An- und/oder Umbau Gebäude	
Umzugskosten	
Möbelkauf	
Einbau und Montage von Teilen der Wohnungseinrichtung	
Erneuerung oder Verbesserung der Heizanlage	
Unvorhergesehenes (finanzielle Reserve)	
...	
Summe	

Benötigen Sie neue Möbel?

Besonders bei Altbauten sollten Sie überlegen, ob Sie Ihre bisherigen Möbel mitnehmen und wie diese ins Haus oder die Eigentumswohnung passen. Möglicherweise kommen Sie zu der Erkenntnis, dass Sie Ihre bisherigen Möbel einzeln oder komplett ersetzen müssen, was natürlich zu zusätzlichen Kosten führt.

8. Schritt: Finanzierung klären

Tragen Sie in die folgende Liste möglichst genau alle vorhandenen Beträge ein. Sollten Sie bei einzelnen Posten schätzen müssen, verwenden Sie immer nur den niedrigsten Wert. Überschätzen Sie niemals Ihre Möglichkeiten. Bei einer soliden Finanzierung beträgt Ihr Eigenkapitalanteil mindestens 30 bis 40 Prozent der Gesamtkosten. Bedenken Sie außerdem bei Baudarlehen immer die langen Laufzeiten.

Eigenkapital	Betrag
Sparkonto	
Girokonto	

Wertpapiervermögen (Anleihen, Aktien, Investmentzertifikate)	
Kunstgegenstände	
Edelmetallreserven	
Münzen	
Briefmarken	
Antiquitäten	
Bausparguthaben aus zuteilungsreifen Verträgen	
Sparverträge (z.B. Riester)	
Beleihungswert Lebensversicherungen	
Zwischensumme verfügbares Eigenkapital	
abzüglich Sicherungsreserve (5 bis 10 %)	
Summe real verfügbares Eigenkapital	

Ermitteln Sie Ihren persönlichen Finanzbedarf

Rechnen Sie beim Althauskauf immer damit, dass zusätzlich zum reinen Kaufpreis noch weitere Investitionen notwendig werden können und Nebenkosten auf Sie zukommen. Das sind unter anderem Gebühren für den Vertragsabschluss beim Notar oder Aufwendungen für Sanierungsmaßnahmen. Gehen Sie deshalb mit dem Kaufpreis niemals an Ihr finanzielles Limit, sondern behalten Sie immer eine Reserve zurück.

EXPERTENTIPP

Faustformel zusätzlicher Investitionsbedarf

Eine Faustformel für die Berechnung des zusätzlichen Investitionsbedarfs lautet: In Abhängigkeit von Gebäudezustand und Baujahr sind zusätzliche Investitionen in Höhe von bis zu fünfzig Prozent des Kaufpreises zu erwarten – allerdings meist nicht sofort, sondern im Laufe der Jahre.

Baufinanzierung via Internet

Auch im Internet gibt es mittlerweile zahlreiche Anbieter für Baufinanzierung. Hier lässt sich relativ schnell und einfach ein Überblick über die aktuellen Zinskonditionen ermitteln. Sind diese besser als bei Ihrer Wunschbank, konfrontieren Sie sie damit – dadurch haben Sie eine bessere Verhandlungsbasis.
Um zu erfahren, ob ein Finanzierungsangebot aus dem Internet seriös ist, können Sie sich bei der örtlichen Verbraucherzentrale erkundigen.
Bestehen Sie außerdem bei der Verhandlung mit der Bank immer darauf, dass zinsgünstige Kredite der KfW-Förderbank oder der zuständigen Landesbank mit in Ihren Finanzplan einfließen. Viele Banken versuchen leider, allein ihre Konditionen durchzudrücken und öffentliche Fördermaßnahmen möglichst außer Acht zu lassen.

EXPERTENTIPP

Vergleichen Sie mehrere Kreditangebote

Lassen Sie sich für die notwendige Finanzierung nicht nur ein Angebot von Ihrer Hausbank machen, sondern nehmen Sie die Beratung mehrerer Geldinstitute oder Bausparkassen in Anspruch und vergleichen Sie akribisch die Ihnen angebotenen Konditionen. So lassen sich oft einige Prozente sparen. Und schon wenige Prozente sind absolut gesehen eine Menge Geld!

Nutzen Sie die Kredite der KfW-Bankengruppe

Privatleute und Immobilienbesitzer können für die Sanierung von Eigentumswohnungen oder Wohnhäusern Kredite bzw. Zuschüsse der KfW-Bankengruppe aus dem Programm „Energieeffizient Sanieren“ in Anspruch nehmen. Die KfW-Kredite stammen aus Bundesmitteln und sind im Zinssatz verbilligt. Da sich die Förderprogramme aber jederzeit je nach Finanzlage der Bundesrepublik ändern können, kann für Inhalt und Fakten keine Gewährleistung übernommen werden. Alle Programme können Sie tagesaktuell im Internet auf www.kfw.de abrufen.

9. Schritt: Welche Baurechtbestimmungen sind wichtig für Sie?

Damit Sie ein Haus oder eine Eigentumswohnung möglichst günstig kaufen und umbauen oder sanieren können, sollten Sie nicht allein auf den Kaufpreis, sondern auch die rechtliche Seite achten. Um unerwünschten Überraschungen zu entgehen, sollten Sie sich rechtzeitig und umfassend über die für Sie wichtigen Vorschriften und Gesetze des Baurechts informieren. Im Zweifelsfall gilt immer: Informationen von neutraler Seite einholen und damit Unklarheiten beseitigen.

Informationen zum Grundstück

Möglichst bereits vor, zumindest aber bei der Besichtigung, sollten Sie fragen, ob für das Grundstück Auflagen vorhanden und Belastungen im Grundbuch eingetragen sind. Beim Kauf hängt der Preis der Immobilie besonders von deren Lage und Beschaffenheit ab. Auch spielen beispielsweise die Umgebung oder die verkehrstechnische Anbindung eine gewisse Rolle.

Achten Sie auf Altlasten

Achten Sie bei der Ortsbesichtigung, die immer vor Verhandlungsbeginn stattfinden sollte, zunächst auf Altlasten. Neben baufälligen Gebäuden und einem ungepflegten Grundstück zählen dazu auch nicht unmittelbar sichtbare Probleme: Verunreinigte oder vergiftete Böden können Sie möglicherweise am andersartigen Pflanzenbewuchs oder an stellenweisen Verfärbungen erkennen. Sobald Sie (Mit-)Eigentümer eines durch Schadstoffe belasteten Bodens sind, sind Sie für die von den Behörden vorgeschriebenen Sanierungsmaßnahmen zuständig und haftbar – und das kann teuer werden.
Bei Verdacht verlangen Sie vom Verkäufer eine schriftliche Garantie, am besten im Kaufvertrag festgeschrieben, dass das Grundstück nicht belastet ist oder auf einem Risikogelände liegt. Auch ein Blick in das Grundbuch gibt Aufschluss darüber, ob es Vorbesitzer (z.B. aus Industrie oder Gewerbe) gab, die Altlasten hinterlassen haben könnten. Für bestimmte Gebiete gibt es auch ein Altlastenverzeichnis. Schauen Sie dort nach, ob das angebotene Grundstück darin genannt ist.

EXPERTENTIPP

Zusätzliche Informationen einholen

Wenn Sie ein Grundstück besichtigen, verlassen Sie sich niemals nur auf die Angaben des Verkäufers. Holen Sie sich immer zusätzliche Informationen beim zuständigen Bauamt oder der Gemeinde ein.

Informationen aus dem Grundbuch

Das Grundbuch wird beim jeweils zuständigen Amtsgericht geführt und kann dann eingesehen werden, wenn Sie ein „rechtliches Interesse" belegen können. Lassen Sie sich entweder vom Verkäufer eine kurze schriftliche Bestätigung zur Berechtigung geben oder verlangen Sie vom Verkäufer einen Grundbuchauszug.

Für jedes Grundstück wird ein Grundbuchblatt mit einer Aufschrift, einem Bestandsverzeichnis und den Abteilungen I, II und III geführt. Bei der Aufschrift handelt es sich um das Titelblatt. Dort sind das zuständige Amtsgericht, der Grundbuchbezirk und die Nummer des Grundbuchblatts eingetragen. Im Bestandsverzeichnis ist das Grundstück nach Wirtschaftsart, Lage und Größe beschrieben. In der Abteilung I sind die Eigentümer des Grundstücks angegeben. Zudem können Sie ersehen, wie lange der Verkäufer bereits Eigentümer ist. Für Altbauten ist auch die Abteilung II sehr wichtig. Hier stehen Belastungen wie Grunddienstbarkeiten und beschränkte persönliche Dienstbarkeiten, insbesondere auch Vormerkungen. Diese Eintragungen können im Einzelfall zu einer erheblichen Nutzungseinschränkung führen, z.B. wenn es um ein Wegerecht für Dritte geht. In Abteilung III finden Sie schließlich die Hypotheken, Grund- und Rentenschulden, mit denen das Grundstück belastet ist.

Was bedeutet die Bauordnung für Sie?

Im Baugesetzbuch sind die bundeseinheitlich geltenden Bestimmungen enthalten, die für die Bauplanung gelten. Hierfür wird im Städterecht beispielsweise geregelt, wie der Flächennutzungsplan und ein Bebauungsplan aufgestellt werden und welche Inhalte darin zu finden sind. Im Gegensatz dazu wird das Bauordnungsrecht von jedem Bundesland selbst definiert.

Nach der Landesbauordnung (LBO) müssen Sie immer dann bei der Baubehörde eine Genehmigung einholen, wenn Sie neu bauen oder wesentliche Teile eines Gebäudes oder einer Wohnung verändern wollen. Die LBO regelt,

- in welchen Fällen eine Baugenehmigung eingeholt werden muss,
- in welchen Fällen Sie einen rechtlichen Anspruch auf eine Baugenehmigung haben,
- wer für die Genehmigung zuständig ist,
- wie das Verwaltungsverfahren zur Erteilung der Baugenehmigung verlaufen muss und
- was eine Behörde unternehmen kann, wenn ohne Genehmigung umgebaut oder baurechtswidrig gebaut wird.

Daneben enthält die LBO jedoch auch zahlreiche technische Vorschriften sowie weitere Anforderungen und allgemeine Regelungen, die beim Bauen zu beachten sind.
Ist Ihr geplanter Um- oder Anbau rechtmäßig, entspricht also dem öffentlichen Baurecht, muss das Vorhaben genehmigt werden. Halten Sie sich dagegen nicht an den geltenden Bebauungsplan, kann Ihnen die Baugenehmigung verweigert werden. Dies wäre beispielsweise der Fall, wenn Sie durch die Anordnung einer neuen Wärmedämm- oder Vorhangfassade den genehmigten Abstand zum Nachbargrundstück unterschreiten würden – auch wenn es sich nur um wenige Zentimeter handelt. Das Bauordnungsrecht regelt auch die Verstöße gegen Bauplanungsrecht.
In Deutschland gibt es die oberste Bauaufsichtsbehörde der Landesministerien, die mittlere Bauaufsichtsbehörde der Bezirksregierungen und die untere Bauaufsichtsbehörde der für das Grundstück zuständigen Gemeinde oder des Landkreises. Ausnahmen bilden Stadtstaaten wie Berlin, Hamburg oder Bremen, die jeweils alle Ebenen abdecken. Welche Behörde für Ihr Bauvorhaben zuständig ist, regelt die jeweilige LBO. Informationen dazu finden Sie auf der Internetseite www.bauordnung.de. In einigen Fällen müssen Sie zusätzlich die Gemeindeordnung zurate ziehen.

Möglichkeiten, ohne Genehmigung um- oder anzubauen

In einigen Bundesländern besteht durchaus die Möglichkeit, eine Genehmigungsfreistellung für Um- und Anbauten mit einem sogenannten Anzeigeverfahren zu erwirken. Man braucht dann für bestimmte Wohngebäude keine Baugenehmigung, muss aber der Bauaufsichtsbehörde mitteilen, was man um- oder anbauen möchte.

- In Mecklenburg-Vorpommern und dem Saarland beispielsweise kann die Genehmigung allerdings auch verweigert werden und in der LBO fehlt die genaue Definition, was genehmigungsfreie Wohngebäude sind.
- In Baden-Württemberg kann man dagegen alle Wohngebäude mit Ausnahme von Hochhäusern im *Anzeigeverfahren* bauen, an- oder umbauen.
- In Niedersachsen wiederum erteilt die zuständige Baubehörde eine Bestätigung, dass das Bauvorhaben genehmigungsfrei ist.
- Ein *Anzeigeverfahren mit Genehmigungsoption* gibt es in den Bundesländern Bayern, Berlin, Bremen, Hessen, Nordrhein-Westfalen, Rheinland-Pfalz, Sachsen-Anhalt und Thüringen. Hier müssen Sie als Gebäude- oder Wohnungseigentümer Ihr Bauvorhaben anzeigen und die zuständige Be-

hörde kann binnen eines Monats erklären, ob sie dennoch ein Genehmigungsverfahren wünscht.

- Eine weitere Variante ist das *Anzeigeverfahren mit Untersagungsoption*, das es in den Bundesländern Baden-Württemberg, Brandenburg, Hamburg, Sachsen und Schleswig-Holstein gibt. In diesem Fall müssen Sie nicht eine Bestätigung der zuständigen Behörde abwarten, sondern nur eine festgelegte Frist nach Eingang der Bauanzeige einhalten. Meldet sich die Behörde *nicht* fristgemäß, dürfen Sie bauen.

Es gibt aber auch ein vereinfachtes Genehmigungsverfahren. Dabei muss man immer eine Baugenehmigung einholen, allerdings wird bei der zuständigen Behörde nur eine vereinfachte Prüfung durchgeführt. Im Gegensatz zum normalen Verfahren, bei dem sämtliche baurechtlichen Vorschriften kontrolliert werden, werden hierbei nur einige Normen und Verordnungen geprüft. Doch auch in diesen Fällen muss der vorgesehene Um- oder Anbau grundsätzlich dem gesamten Baurecht entsprechen.

Beachten Sie immer den Bebauungsplan

Ob und in welcher Art Sie um- oder anbauen dürfen, hängt auch von den Angaben im Bebauungsplan des Grundstücks ab. Diese müssen in jedem Fall verbindlich eingehalten werden. Generell geprüft werden muss, ob die geplante Veränderung eine bauliche Anlage im Sinne des § 29 Baugesetzbuch (BauGB ist. Zusätzlich muss die Erschließung des Grundstücks gesichert sein.
Nach § 30 BauGB gibt es verschiedene Arten eines Bebauungsplans, wobei zumindest folgende Angaben immer enthalten sein müssen: Art und Maß der baulichen Nutzung, die überbaubare Grundstücksfläche und die örtliche Verkehrsfläche. Bei einem geplanten Um oder Anbau muss jede dieser vier Angaben entsprechend eingehalten werden.

Welche Baugebietstypen gibt es?

Laut Baunutzungsverordnung (BauNVO) gibt es verschiedene Baugebietstypen. Diese für eine Bebauung in der Gemeinde vorgesehenen Flächen werden nach Art ihrer baulichen Nutzung unterteilt in

- Kleinsiedlungsgebiete (WS),
- reine Wohngebiete (WS),
- allgemeine Wohngebiete (WA),
- Mischgebiete (MI),
- besondere Wohngebiete (WB),

- Dorfgebiete (MD),
- Kerngebiete (MK),
- Gewerbegebiete (GE),
- Industriegebiete (GI) und
- Sondergebiete (SO).

Bevor Sie sich zum Erwerb einer Immobilie entschließen, sollten Sie immer Einsicht in den Bebauungsplan bei der zuständigen Gemeinde oder Baubehörde nehmen, um sich über die Ausweisung zu informieren. Denn einerseits richtet sich der Kaufpreis für ein Gebäude mit Grundstück auch nach den im Bebauungsplan ausgewiesenen Nutzungsmöglichkeiten. Andererseits vermeiden Sie so beispielsweise, eine Immobilie mit tollem Ausblick zu erstehen und nach Jahren plötzlich einen Gewerbebetrieb vor die Nase gesetzt zu bekommen, nur weil Sie nicht beachtet haben, dass sich Ihr Grundstück in einem allgemeinen Wohngebiet oder sogar Mischgebiet befindet. Dagegen dürfen in reinen Wohngebieten nach BauNVO nur Wohngebäude errichtet werden. Allerdings können auch hier in Ausnahmefällen Läden, nicht störende Handwerks- und kleinere Beherbergungsbetriebe (Hotels, Pensionen etc.) sowie Anlagen für soziale Zwecke und Wohngebäude, die der Betreuung und Pflege ihrer Bewohner dienen (Alten- oder Pflegeheime), zugelassen werden. Sie können also in solchen Gebieten Ihren Altbau, der bisher ein reines Wohnhaus war, z.B. in ein Pflegeheim umbauen.

Was bedeuten die Grund und die Geschossflächenzahl?

Haben Sie vor, Ihren Altbau durch einen Anbau oder eine Aufstockung zu erweitern, müssen Sie die im Bebauungsplan verbindlich aufgeführten Grund- und Geschossflächenzahlen beachten. Die Grundflächenzahl (GRZ) gibt gemäß BauNVO an, welcher Anteil Ihres Grundstücks insgesamt bebaut werden darf. Dürfen also beispielsweise 45 Prozent bebaut werden, so beträgt die ausgewiesene GRZ 0,45. Ein Wert von 1 würde bedeuten, dass das gesamte Grundstück zugebaut werden darf, ein Wert größer 1 ist nicht möglich. Die GRZ ergibt sich, indem die Grundfläche, also die bebaute oder überbaubare Fläche, durch die Grundstücksfläche geteilt wird.

Die Geschossflächenzahl (GFZ) betrifft die Ausmaße des Gebäudes in allen Vollgeschossen. Dazu wird die Fläche auf Basis der äußeren Maße berechnet (siehe Beispiel) und im Eingabeplan angegeben. Als Vollgeschosse gelten normalerweise solche, die über mindestens der Hälfte ihrer Grundfläche eine lichte Höhe – das Maß von der Oberkante des fertigen Fußbodens bis zur Unterkante der fertigen Decke – von 2,20 Metern oder mehr haben und deren Deckenunterseite im Mittel mindestens 1,40 Meter über Geländeoberfläche liegt. Ein ausgebautes Dachgeschoss gilt nur dann als Vollgeschoss, wenn es die genannte lichte Höhe auf über zwei Dritteln der Grundfläche des darunter liegenden Geschosses hat.

PRAXISBEISPIEL

Die Geschossflächenzahl

Ihr Erdgeschoss hat die inneren Maße 12,00 x 8,00 Meter und somit eine Wohnfläche von 96 Quadratmetern. Die Außenwanddicke beträgt 40 Zentimeter, also sind die Außenmaße 12,40 x 8,40 Meter. Das Vollgeschoss hat demnach eine Fläche von 104,16 Quadratmetern. Haben Sie noch ein ausgebautes Dachgeschoss, muss das hinzugerechnet werden. In diesem Fall wären das 69,44 Quadratmeter (zwei Drittel von 104,16). Somit ergeben sich insgesamt 173,60 Quadratmeter Geschossfläche.

Beim Dach bleiben alle Hohlräume zwischen oberster Decke und Dachhaut unberücksichtigt, bei denen Aufenthaltsräume wegen der erforderlichen lichten Höhe nicht möglich sind. Bestimmte unbewohnbare Räume unter dem Dach (Spitzböden) gelten nicht als oberstes Geschoss. Ein Keller gilt ebenfalls nicht als Vollgeschoss im Sinne der BauNVO, wenn seine Decke komplett tiefer als 1,40 Meter unter der Geländeoberfläche liegt, auch wenn seine Räume eine lichte Höhe von 2,20 Meter haben.

In § 17 der BauNVO finden Sie Obergrenzen der GRZ und der GFZ für bestimmte Baugebiete. So beträgt z.B. in Wohngebieten die GRZ maximal 0,4, die GFZ 1,2. Der Bebauungsplan darf niedrigere, aber nie höhere Werte festlegen.

PRAXISBEISPIEL: BERECHNUNG MIT GRZ UND GFZ

Ihr Grundstück ist 624,50 Quadratmeter groß, die GRZ ist 0,4. So ergibt sich eine bebaubare Fläche von 256,20 Quadratmetern (624,50 x 0,4). Der vorhandene Altbau darauf ist ein Haus mit zwei Vollgeschossen mit insgesamt 173,60 Quadratmetern (vgl. Beispiel oben). Die GFZ beträgt 1,2. Multipliziert man diese mit 624,5 und teilt durch 2 (Anzahl der Geschosse), ergeben sich maximal 374,70 Quadratmeter pro Geschoss. Sie liegen daher mit Ihrem Haus im zulässigen Bereich. Wollen Sie das Gebäude beispielsweise durch einen Anbau erweitern, ist eine entsprechende Neuberechnung notwendig.

Die genannten Werte für GRZ und GFZ sind jedoch nicht zwingend in einem Bebauungsplan vorgeschrieben. So kann durchaus statt dieser Zahlen auch nur die Begrenzung der Firsthöhe für Häuser festgeschrieben sein. Gemäß BauGB sind Ausnahmen zulässig, die im Bebauungsplan nach Art und Umfang ausdrücklich vorgesehen sind. In besonderen Fällen kann aber auch eine Befreiung vom Bebauungsplan erfolgen, was im Ermessen der zuständigen Behörde liegt.
In jeder LBO werden auch die zulässigen Grenzabstände zwischen Gebäuden geregelt. Die für Sie relevanten Angaben können Sie der entsprechenden Landesbauordnung entnehmen bzw. bei Ihrer Baubehörde erfragen. Da die jeweiligen Berechnungen oft sehr kompliziert sind, sollten Sie sich diese Werte gegebenenfalls von dem von Ihnen beauftragten Architekten berechnen lassen.

Mehrwert durch Verbesserung des Wohnstandards

Durch eine Verbesserung des Wohnstandards können Sie Ihre Immobilie deutlich aufwerten. Zentrale Ausstattungsmerkmale sind dabei die Qualität der Sanitär-, Heizungs- und Elektroinstallation sowie die Fenster. Eine Umstellung der Heizanlage von Kohle auf Heizöl beispielsweise steigert den Gebrauchswert Ihrer Immobilie ebenso wie das Ersetzen von einfach verglasten Fenstern durch Verglasungen, wie sie die EnEV fordert. Bezogen auf die zentralen Ausstattungsmerkmale verwendet der Bundesfinanzhof die Wohnstandard-Kategorien „sehr einfach“, „mittel“ und „sehr anspruchsvoll (gehoben)“.
Sehr einfacher Wohnstandard bedeutet, dass die den Nutzwert des Gebäudes bestimmenden Installationen „nur im nötigen Umfang oder in einem technisch überholten Zustand vorhanden sind“. Dazu zählen beispielsweise eine unzureichende Elektroversorgung, technisch veralterte Heizungsanlagen, Einfachverglasung oder das Fehlen von Installationsgegenständen im Bad. Mittlerer Wohnstandard genügt laut BFH durchschnittlichen oder höheren Ansprüchen. Detaillierte Angaben werden nicht gemacht. Ein sehr anspruchsvoller (gehobener) Standard geht über das rein Zweckmäßige des mittleren Wohnstandards hinaus. Hier versucht man „das Mögliche, vor allem durch den Einbau außergewöhnlich hochwertiger Materialien“. Ausstattungsmerkmale sind Aufzüge, Tiefgaragen u. Ä.
Durch Umbauten oder Modernisierungen, vor allem an den maßgeblichen Einrichtungen, können Sie den Standard Ihrer Immobilie deutlich verbessern. Das steigert nicht nur den Wert der Immobilie, als Vermieter können Sie auch den Mietzins erhöhen.

So erlangen Sie eine Baugenehmigung für Änderungen

Um eine Baugenehmigung zu erhalten, muss ein Bauantrag gestellt werden. Dieser darf in den meisten Fällen nur von einem Bauvorlageberechtigten – beispielsweise ein Architekt, Bauingenieur oder Handwerksmeister – eingereicht werden. Je nach Bundesland und Gemeinde gibt es außerdem unterschiedliche Formulare. Die Bauvorlagen werden dann zusammen mit den ausgefüllten Formularen direkt beim Bauamt eingereicht. Zu den Bauvorlagen zählen:

- der (katasteramtliche) Lageplan – meist ein Auszug aus der Liegenschaftskarte im Maßstab 1:1.000 bzw. 1:500, den Sie je nach Bundesland beim Katasteramt, bei einem öffentlich bestellten Vermessungsingenieur oder einem Sachverständigen für das Vermessungswesen erhalten,
- die Bauzeichnungen im Maßstab 1:100 für alle Geschosse des Gebäudes und mindestens ein Schnitt (meist durch das Treppenhaus), wobei die geplanten Änderungen farblich markiert werden,
- eine ausführliche Baubeschreibung mit Angabe der zu verwendenden Baustoffe und Bauteile sowie der Ausstattung mit technischen Einzelheiten,
- Nachweise der Baustatik, soweit es die vorgesehenen baulichen Änderungen betrifft, des Wärmeschutzes und evtl. auch des Schallschutzes,
- der Entwässerungsplan mit zeichnerischer Darstellung der Abwasserleitungen für Schmutz- und Regenwasser (in manchen Gemeinden ist das auch nur ein gemeinsamer Kanal), soweit an den Leitungen wegen des Umbaus Änderungen vorgenommen werden müssen.

Den Antrag müssen der Verfasser des Plans und der Bauherr gemeinsam unterschreiben. Achten Sie unbedingt darauf, dass Ihr Antrag vollständig abgegeben wird. Ist dies nicht der Fall, müssen Sie mit Verzögerungen und möglichen Nachfragen rechnen. Zwar sind alle Ämter angehalten, Anträge schnell zu bearbeiten, doch kann das je nach Bundesland und Gemeinde sehr unterschiedlich ausfallen. Normalerweise sollte Ihr Antrag aber nach sechs Wochen bearbeitet sein.

Hat die Behörde den Bauantrag geprüft und bewilligt, erhalten Sie eine Baugenehmigung. Dieser Verwaltungsakt wird nach Ablauf einer bestimmten Zeit (Rechtsbehelfsfrist) bestandswirksam. Sie als Bauherr haben danach keine Möglichkeit mehr, dagegen Einspruch zu erheben. Prüfen Sie deshalb umgehend den Ihnen zugeschickten Bescheid, um Fristen zu wahren. Das ist besonders wichtig, wenn die erteilte Genehmigung in einzelnen Punkten von Ihrem eingereichten Bauantrag abweicht. Innerhalb der vorgegebenen Frist haben Sie

dann die Möglichkeit, noch nachträglich Änderungen in Ihren Unterlagen vorzunehmen und diese nachzureichen.
Bedenken Sie auch, dass eine Baugenehmigung immer nur für einen bestimmten Zeitraum gültig ist. Diese Geltungsdauer ist in der LBO verankert und beträgt meist drei Jahre. Sollte innerhalb dieser Zeitspanne nicht mit den von Ihnen beantragten baulichen Maßnahmen begonnen werden oder die begonnene Bauausführung für längere Zeit eingestellt werden, erlischt die komplette Baugenehmigung. In solchen Fällen sollten Sie umgehend eine Verlängerung der Baugenehmigung beantragen. Dieser begründete Antrag ist jedoch nur dann wirksam, wenn er vor Ablauf der Frist bei der Behörde eingegangen ist. In den meisten Bundesländern wird eine Verlängerungsfrist von einem Jahr gewährt.
Um eine zügige Bearbeitung Ihres Bauantrages zu sichern, ist bei Planungsunsicherheit eine Bauvoranfrage bzw. ein Bauvorbescheid empfehlenswert. Sie und Ihr Architekt lassen damit einzelne kritische Punkte Ihres Bauvorhabens von der zuständigen Behörde vorab verbindlich prüfen, beispielsweise ob Sie eine andere Dachneigung als die im Bebauungsplan eingetragene ausführen dürfen, um mehr Wohnraum im Dachgeschoss zu erhalten. Wird diese Frage von der Behörde in Ihrem Sinne beantwortet, können Sie sich darauf verlassen, dass im späteren Baugenehmigungsverfahren in diesem Punkt nicht zu Ihren Ungunsten entschieden wird, denn ein Bauvorbescheid bindet die Behörde an ihre gemachte Zusage. Auch finanziell ist eine Bauvoranfrage meist deutlich günstiger als die von der Behörde für nachträgliche Änderungen geforderten Auflagen. Deshalb empfiehlt sie sich immer dann, wenn einzelne Punkte Ihrer Planung risikobehaftet scheinen.

EXPERTENTIPP

Begrenzte Gültigkeit der Bauvoranfrage beachten

Eine Bauvoranfrage gilt wie eine Baugenehmigung nur für einen begrenzten Zeitraum. Doch Sie haben die Möglichkeit, auch hier eine Verlängerung zu beantragen. Die Voranfrage ersetzt aber in keinem Fall die notwendige Baugenehmigung.

Sollte die zuständige Behörde Ihnen eine Baugenehmigung zu Unrecht verweigern, können Sie vor dem zuständigen Verwaltungsgericht auf Erteilung der Genehmigung klagen. Vorher müssen Sie allerdings bei der Behörde innerhalb

von einem Monat Widerspruch gegen den Ablehnungsbescheid einlegen. Haben Sie den Widerspruchsbescheid erhalten, müssen Sie innerhalb eines Monats eine Verpflichtungsklage vor dem Verwaltungsgericht erheben. Bei Erfolg wird das Gericht die Genehmigungsbehörde zur Erteilung der Baugenehmigung verurteilen.
Ihr Grundstücksnachbar kann unter bestimmten Voraussetzungen eine bereits erteilte Baugenehmigung anfechten. Dafür muss er nachweisen, dass eine Verletzung öffentlicher Vorschriften vorliegt. Solche Klagen gibt es häufig bei Streitereien über die Einhaltung von Grenzabständen und über nachträgliche Anbauten.

10. Schritt: Wie Sie das Kaufgespräch erfolgreich führen

Um ein Kaufgespräch erfolgreich zu führen, ist es wichtig, dass Sie sich gut vorbereiten.
In der Regel sind Kaufgespräche über Altbauimmobilien Verhandlungen. Es ist nicht, wie meistens bei Neubauten, dass der Anbieter einen Preis festlegt, an dem nur wenig zu rütteln ist. Bei Altbauten müssen Sie sich Ihr eigenes Bild machen und für sich klären, was Ihnen die Immobilie, die Sie kaufen wollen, „wert ist".

Verlangen Sie auf jeden Fall eine Grundbauchauszug

Um vor unliebsamen Überraschungen sicher zu sein, verlangen Sie beim ersten Verkaufsgespräch gleich einen Grundbuchauszug, damit Sie sicher sein können, auch wirklich mit einem autorisierten Verkäufer zu verhandeln.
Lassen Sie sich außerdem den kompletten und von der zuständigen Baubehörde genehmigten (d.h. abgestempelten) Eingabeplansatz im Maßstab 1:100 zeigen. Dieser besteht mindestens aus Kopien des amtlichen Vermessungsplans des Grundstücks, allen Hausgrundrissen, einem Hausquerschnitt und evtl. der geprüften Statik.
Kaufen Sie ein Fertighaus, verlangen Sie die vom Hersteller geprüfte Typenstatik, damit Sie sehen, ob nachträgliche An- oder Umbauten möglich sind.

Holen Sie sich fachlichen Rat

Grundsätzlich ist es ratsam, vor der Entscheidung, ein bestimmtes Haus zu kaufen, einen Fachmann einzuschalten. Das kann ein Architekt Ihres Vertrauens oder ein öffentlich bestellter und vereidigter Bausachverständiger sein.
Erkundigen Sie sich nach Gutachtern bei der in Ihrer Stadt oder Ihrem Landkreis zuständigen Handwerks-, Ingenieur- oder Architektenkammer. Die Kosten für ein Gutachten, für das der Sachverständige dann auch haften muss, sind rela-

tiv niedrig gemessen an den Kosten, die auf Sie zukommen können, wenn Sie vorschnell und nur nach Augenschein kaufen.

EXPERTENTIPP

Lassen Sie sich nicht unter Druck setzen!

Gerade bei Altbauten ist es wichtig, sich Zeit für eine Entscheidung zu nehmen. Lassen Sie sich niemals vom Verkäufer oder Makler unter Druck setzen. Sogenannte Schnäppchen, Sonderangebote oder Notverkäufe entpuppen sich später sehr oft als „Geldgrab".

Seien Sie möglichst up to date!

Halten Sie sich, was neue Angebote angeht, immer auf dem aktuellen Stand in Ihrer Region, indem Sie z.B. die Anzeigen in den Tageszeitungen, die Angebote der Banken und Bausparkassen sichten oder einen Makler konsultieren. So können Sie schon bei der ersten Besichtigung das Verkaufsangebot gut einschätzen.

Was tun bei Betrug oder Falschauskunft?

Den Kauf rückgängig zu machen ist kaum möglich, es sei denn, Sie können einen bewussten Betrug oder eine Falschauskunft in den Beratungs- bzw. Verkaufsgesprächen nachweisen.

Zur eigenen Absicherung sollten deshalb bei solchen Gesprächen immer vertrauenswürdige Zeugen wie Verwandte, Freunde o. Ä. mit anwesend sein. Halten Sie außerdem immer die wichtigsten Punkte während oder direkt nach dem Gespräch in einem schriftlichen Protokoll fest.

....

....

....

....

....

....

....

....

....

....

....

....

....

....

....

....

....

....

Auf der nächsten Seite finden Sie den Schritt-für-Schritt-Guide: Immobilienkauf vorbereiten.

✓ SCHRITT-FÜR-SCHRITT-GUIDE

Immobilienkauf vorbereiten

Mit diesem Schritt-für-Schritt-Guide haben Sie die wichtigen Fragen, Einsichten, Informationen im Blick und behalten den Überblick über die vielfältigen Themen, die Sie auf dem Weg zu Ihren eigenen vier Wänden beschäftigen werden.

1. Schritt: Beschreiben Sie Ihr Traumhaus bzw. Ihre Traumwohnung
Notieren Sie hier die wichtigsten Stichwörter Ihrer Beschreibung, mit der Sie Ihr Traumhaus bzw. Ihre Traumwohnung skizzieren und anderen beschreiben können.

____

____

______________________________ ☐

2. Schritt: Wozu soll Ihnen die Immobilie dienen
Notieren Sie hier Ihre Entscheidung, was der Nutzen der Immobilie ist.

.... ☐

3. Schritt: Welche Räume benötigen sie und wie groß sollen Sie sein
Um diese Frage zu klären, können Sie die Checkliste aus dem Buch auf Seite 13 (die Sie auch auf der CD-ROM finden) einsetzen. Errechnen Sie auch die Summen für unterschiedliche Bereiche sowie die Gesamtsumme der benötigten Quadratmeter. ☐

4. Schritt: Wie soll die Immobilie bautechnisch aussehen?
Beschreiben Sie, welche technischen Anforderungen Ihre Immobilie erfüllen soll. Legen Sie sich dazu eine Liste an, die Sie sich über längere Zeit immer wieder vornehmen können, um Themen und Details zu ergänzen oder auch zu verändern. ☐

5. Schritt: Entsprechen Grundstück und Standort Ihren Vorstellungen?
Sobald Sie eine konkrete Immobilie gefunden haben, beginnen Sie diese auf Ihre Vorstellungen und Anforderungen hin zu prüfen. Dazu gehört selbstverständlich neben der Immobilie selbst auch die Umgebung, die Infrastruktur und ggf. das Grundstück. ☐

6. Schritt: Was können Sie umbauen? Müssen Sie modernisieren?
Prüfen Sie und planen Sie, ob die Immobilie, die Sie eventuell kaufen wollen nicht eventuell in manchen Bereichen modernisiert oder Ihren Anforderungen entsprechend umgebaut werden sollte. Gerade wenn es um die Frage der Finanzierung über einen Kredit geht, sind dies wichtige Informationen für Ihre Bank, die wissen will, wo der Wertgewinn der Immobilie liegen wird. ☐

7. Schritt: Ist der Kaufpreis angemessen?
Bevor Sie bei einer Immobilie „zuschlagen", müssen Sie selbstverständlich den Kaufpreis genau prüfen. Informieren Sie sich über die marktüblichen Preise und zerlegen Sie dazu den Gesamtpreis in Einzelbestandteile. ☐

8. Schritt: Finanzierung klären
In der Regel besteht die Finanzierung aus dem Eigenkapital und Krediten. Berechnen Sie zunächst Ihr Eigenkapital und ermitteln Sie dann, wie viel Geld Sie zur Finanzierung noch benötigen, wie hoch also Ihr zusätzlicher Investitionsbedarf ist. Lassen Sie sich immer von verschiedenen Finanzierern Angebote erstellen. Und prüfen Sie auch, ob Sie günstige Kredite bei der KfW-Bankengruppe beantragen können. ☐

9. Schritt: Welche Baurechtbestimmungen sind wichtig für Sie?
Prüfen Sie, ob für das Grundstück Auflagen vorhanden sind und ob Altlasten vorliegen können. Holen Sie Informationen aus dem Grundbuch ein und prüfen Sie, welche Bauordnung für die Immobilie gilt. Informieren Sie sich, wo Sie Genehmigungen für bauliche Änderungen einholen müssen und welcher Bebauungsplan gilt. ☐

10. Schritt: Wie Sie das Kaufgespräch erfolgreich führen
Bereiten Sie sich auf das Kaufgespräch gut vor. Legen Sie sich alle wichtigen Informationen zurecht, so dass Sie sie im Gespräch jederzeit zur Hand haben. Setzen Sie sich ein Limit für die maximale Kaufsumme. ☐

Typische Eigenschaften und Mängel einer Immobilie erkennen

Das Baujahr eines Gebäudes sagt bereits viel über dessen bautechnische Eigenschaften aus. Als Käufer und Eigentümer einer Bestandsimmobilie sollten Sie auf diese Sachverhalt achten, um Objekte, die auf dem Markt angeboten werden, hinsichtlich ihrer baulichen Substanz schnell einschätzen zu können.

Wenn Sie das genaue Baujahr eines Gebäudes kennen, können Sie daraus ableiten, in welcher Weise und mit welchen Baustoffen das Gebäude errichtet wurde und welche Probleme damit möglicherweise verbunden sind.

Bauchemie oder Bauphysik – das Baujahr ist entscheidend

Eine kritische Betrachtung der Bauchemie – damit meine ich den Einsatz von Stoffen wie Asbest, PCB, Formaldehyd, FCKW usw. – im Sinne des Verbraucherschutzes begann erst in den 1980er Jahren. Jedoch wäre es falsch, daraus zu schließen, dass alle Gebäude, die früher errichtet wurden, generell chemisch verseucht sind. Die bauchemischen Probleme sind insbesondere bei Häusern aus den 1950ern bis 1970ern nachweisbar. Dagegen ist bei Gebäuden, die zwischen 1900 und den 1950er Jahren gebaut wurden, weniger die Bauchemie das Problem sondern mehr die Bauphysik. Bei Gebäuden, die in diesem Zeitraum erstellt wurden, sollten Sie vor allem auf Feuchteschutz, Wärmedämmung, Schall- und Brandschutz achten.

EXPERTENTIPP

Welche Gebäudealtersklassen gibt es?

Um typische Schwachstellen von Gebäuden aufdecken zu können, ist sehr hilfreich, wenn Sie anhand des Baujahres Ihr Zielobjekt einer der Gebäudeklassen zuordnen. Auf den nächsten Seiten können Sie dann ausführlich nachlesen, was für die jeweilige Zeit kennzeichnend war im Hausbau.

Die Wohngebäude werden in folgende Gebäudeklassen eingeteilt:

- Gebäudeklasse A: bis 1918 (bis Ende des ersten Weltkriegs)
- Gebäudeklasse B: von 1919 bis 1945 (von Beginn der Weimarer Republik bis Ende des zweiten Weltkriegs)
- Gebäudeklasse C: von 1945 bis etwa 1950 (direkte Nachkriegszeit)
- Gebäudeklasse D: von 1950 bis 1960 (Aufbaujahre und während der Bauboomzeit)
- Gebäudeklasse E: von 1960 bis 1970
- Gebäudeklasse F: von 1970 bis 1980
- Gebäudeklasse G: ab 1980

Viele ältere Gebäude wurden in den letzten Jahren saniert und modernisiert. Gerade bei solchen „nachgebesserten“ Gebäuden kann jedoch eine Beurteilung der Bausubstanz schwierig werden, da in Abhängigkeit vom Zeitpunkt der Sanierungs- bzw. Modernisierungsmaßnahmen mögliche Baustoff- und Baukonstruktionsprobleme berücksichtigt werden müssen.

Deshalb ist es wichtig, dass Sie bei der Besichtigung des Gebäudes klären, welche Bauschwächen evtl. vorhanden sein können. Lassen Sie den Bauzustand gründlich analysieren und darüber ein Protokoll erstellen, das in Zusammenarbeit mit einem Baufachmann (einem Architekten, Bauingenieur oder öffentlich bestellten und vereidigten Sachverständigen für Baukonstruktion) zu einem bestimmten Datum schriftlich angefertigt wird und auch Fotos enthält.

Gebäudeklasse A (bis 1918)

Wohngebäude der Klasse A wurden bis etwa 1850 oft in reiner Fachwerkbauweise – nach heutigen Maßstäben mit statisch überdimensionierten Konstruktionen – gebaut, vielfach nachträglich überputzt und im Laufe der Zeit dem Wohnstandard angepasst.
Etwa 1850 wurde in Deutschland die Normung von Baustoffen eingeführt, was zu einer Änderung der Baukonstruktion (Statik) und des Einsatzes meist industriell hergestellter Baustoffe führte. Damit einher ging die bautechnische Umstellung von hölzernen Fachwerkkonstruktionen zu Mauerwerksbauten. Vielfach wurde Sichtmauerwerk in den Fassaden eingesetzt. Im Wohnungsbau sind Gebäude der Klasse A meist als heute unter Denkmalschutz stehender Ein- und Mehrfamilienhäuser anzutreffen. Wohngebäude mit mehr als vier Geschossen findet man hierunter selten, meist gibt es ein bis zwei Geschosse, oft ohne Dachausbau. Merkmale dieser Gebäudeklasse A sind:

- Die Wände sind einschalig, 25 cm bis 51 cm dick aus Vollziegel- oder Naturstein gemauert, verklinkert oder verputzt. Die Fassade wurde mit Stuck- oder Mauerwerksornamentik optisch gestaltet, wenn in Mauerwerk errichtet.
- In Küstennähe findet sich auch zweischaliges Sichtmauerwerk teilweise mit Luftschicht, jedoch ohne zusätzliche Wärmedämmung.
- Typsich sind für bestimmte Regionen auch hölzerne Fachwerkkonstruktionen mit Lehmausfachung, Fassade regional unterschiedlich farblich gestal-

tet und mit Schnitzereien versehen, Außenfassade gestrichen, ohne zusätzliche Wärmedämmung.

- Meist mit Tondachziegeln, Naturschiefer oder Reet eingedeckt, ab Normeneinführung (im Jahr 1850) mit Betondachsteinen oder Metall, nach Sanierung in den Kriegsjahren oft mit Bitumendachpappe, Dachraum nicht wärmegedämmt,
- Dachsparren innen sichtbar belassen, keine Wärmedämmung und Luftdichtigkeit, oft „offene“ Dachböden, Dacheindeckung vermörtelt oder regional mit Pappnoppen.
- Die Fenster sind meist mit Bauglas einfach verglaste Holzsprossenfenster mit Holzrahmen, regional (meist Süddeutschland und Küstenbereich) als Kastenfenster ausgeführt, deren äußerer Flügel im Sommer ausgehängt wurde.
- Die Kellerdecken sind gemauerte Gewölbedecken oder Holzbalken mit Holzdielen, dazwischen Ascheschüttung, unterseitig Lehmschlag oder Putz auf Rohrgeflecht (bei Holzdecken), nach ca. 1850 verstärkt Massivdecken aus Stahlträgern (dazwischen Ziegelplatten oder Ortbeton), später auch Ziegeldecken,
- Durch unzureichende Abdichtung gegen Erdfeuchte und Druckwasser sind besonders die im Erdreich liegenden Geschosse feucht oder in ihrer Bausubstanz geschädigt.
- Die Geschoss- bzw. Zwischendecken sind meist Holzbalkendecken mit Sand-, Lehm- oder Schlackenfüllung, oberseitig mit Dielung, oft auch bei Nassräumen mit Fliesen oder Terrazzo, selten kommen Ortbetondecken vor, Schallschutz oft unzureichend.

Typische Probleme

- fehlende Wärmedämmung
- schlechter Schallschutz
- feuchte Wände im Keller und Erdgeschossbereich aufgrund unzureichender Abdichtung gegen Erdfeuchte und Druckwasser
- aufgrund feuchten Mauerwerks Schädigung der Bausubstanz

Bei den meisten Mietshäusern dieser Gebäudeklasse wurden Aborte nachträglich ins Treppenhaus zwischen den Etagen gebaut. Je nach Standard gab es dafür Spülsysteme, Tonnensysteme und das Grubensystem, wobei alle Toiletten übereinander an einem Fallrohrstrang zwischen den Etagen angeordnet waren.
Die Wohnräume wurden zunächst mit Einzelöfen beheizt. Später erhielten viele Mietshäuser im gehobenen Wohnsegment eine zentrale Heizanlage eingebaut, die von Hand beschickt werden musste, wofür im Keller groß bemessene Heiz-

räume und „Kohlenkeller" mit direktem Fensterzugang (Kohleschüttgang) zur Straße vorhanden waren. In den Räumen gab es regelbare Gussheizkörper, wobei die gesamte groß dimensionierte Rohrinstallation unverkleidet sichtbar auf der Wand geführt wurde.

Gebäudeklasse B (1919 bis 1945)

Die Zeit zwischen den Kriegen ist baulich besonders durch den kriegsbedingt herrschenden Materialmangel und der daraus resultierenden Materialqualität bei den Baustoffen gekennzeichnet. Hinzu kommen Ausführungsmängel durch fehlende Facharbeiter am Bau und die schnelle Schaffung von Wohnraum durch Sanierung von Bauruinen und ausgebombten Gebäuden. Auch mindern technische Erkenntnisse, wie sie heute im Wohnungsbau üblich sind, die Bauqualität jener Jahre. So werden besonders die Forderungen des Schallschutzes und normalen Mindestwärmeschutzes an Wohngebäude in Hinblick auf heutige Normen und Vorschriften meist nicht oder nur unzulänglich erfüllt. Merkmale der Gebäudeklasse B sind:

- Außenwände wurden oft nur 24 cm dick aus Voll- oder Lochziegeln, Hohlblocksteinen, Mauersteinen aus Steinschutt (ein besonders für den Wiederaufbau entwickeltes Verfahren, bei dem der Gebäudeschutt mit verwertet wurde, Hersteller z. B. Fa. Brenntag) mit Putz- oder Klinkerfassaden errichtet, ohne zusätzliche Wärmedämmung,

- Dächer sind meist mit Dachziegeln, Betondachsteinen, Bitumendachbahnen oder Metall eingedeckt und entweder nicht oder nur gering wärmegedämmt, Kamine und Kaminköpfe meist gemauert,
- Fenster und Fenstertüren fast immer als Holzfenster mit Sprossen, Einscheiben-Fensterglas mit Holzrahmen, regional auch Holzkastenfenster und Holzklappläden, ohne umlaufende Dichtung,
- Kellerdecken ähnlich wie unter Klasse A, teilweise bereits als Hohlsteindecken oder Ortbetondecken ausgeführt, unterseitig roh belassen oder verputzt, unzureichender Schall- und Wärmeschutz,
- Obergeschoss- und Zwischendecken als Holzbalkendecken oder Ortbetondecken, Montagedecken aus Betonträger mit Ziegel- oder Leichtbetonformkörper eingeschoben, unterseitig geputzt, oberseitig mit Holzdielen oder Estrich mit keramischen Bodenbelägen, Linoleum oder Naturstein belegt, unzureichende Schall- bzw. Wärmedämmung.

Typische Probleme

Besonders die heute normalen Anforderungen des Schallschutzes und des Mindestwärmeschutzes wurden meist nicht oder nur unzulänglich erfüllt.

Gebäudeklasse C (1945 bis 1950)

Der Wohnungsbau in der Zeit unmittelbar nach dem Zweiten Weltkrieg ist ebenfalls durch eine Materialknappheit der Baustoffe und die schnelle Schaffung von Wohnraum gekennzeichnet. Man verbaute, was vorhanden war – häufig Steine aus dem Schutt –, und verwendete zur Herstellung von Magerbeton einfach den zerkleinerten Ruinenschutt. Die in dieser Zeit errichteten Gebäude zeichnen sich zwar durch eine gute Statik aus, verfügen aber nur über geringen wohnlichen Standard. Merkmale der Gebäudeklasse C sind:

- Einfache Streifenfundamente aus meist Stampfbeton, der unter Einsatz von Gebäudeschutt hergestellt wurde.
- Wände wurden aus gereinigten alten Mauerziegeln, aber auch aus Ziegelsplittbeton gemauert.
- Geschossdecken stellte man aus Ziegelbetonsteinen oder Kiesbeton her, teilweise aus Holzbalken, die aus den Ruinen gerettet werden konnten.

- Dachstühle wurden meist aus frisch geschlagenem Holz (Kiefer, Fichte) oder aus alten Dachstühlen in einfacher Konstruktion gezimmert, die unmittelbar auf der Decke aufgelegt wurden.
- Die Eisenrohre und Anschlüsse der Sanitärversorgung lagen oft „auf Putz" sichtbar, ein „Plumpsklo" befand sich meist zwischen den Geschossen im Treppenhaus, Toiletten mit Wasserspülung waren selten.
- Soweit überhaupt vorhanden, gab es Einzelöfen und Gaslicht, im Laufe der Zeit setzte man das Stadtgas auch zur Heizung und zum Kochen mit Gasöfen sowie zur Warmwasserbereitung ein.
- Die Kabel für die Elektroversorgung verliefen oft wahllos quer über die Wände und an den Decken.

Gebäudeklasse D (1950 bis 1960)

Die Wohngebäude, die zwischen 1950 und 1960 errichtet wurden, sind gekennzeichnet vom in Deutschland beginnenden wohnungswirtschaftlichen Aufbau. So wurde möglichst kostensparend gebaut und die Konstruktion entsprechend darauf abgestimmt.
In dieser Zeit entstand auch eine neue Architekturlinie – man wollte Amerika nacheifern und baute verstärkt „Hochhäuser". Die „Hochhausgrenze" wurde bautechnisch und genehmigungspflichtig mit acht Geschossen definiert. Bei diesen Gebäuden gab es im Nachhinein vermehrt Probleme mit den Fassaden und deren Bekleidungen sowie mit den bei hohen Gebäuden üblichen Flachdächern, vor allem hinsichtlich der Abdichtung. Merkmale der Gebäudeklasse D sind:

- Die Außenwände wurden aus Voll- und Lochsteinen (Tonziegel, Kalksandsteine, Betonhohlblocksteine, Leichtbetonsteine „Gasbeton") gemauert oder aus Ortbeton bzw. mit – vereinzelt als Beton-Sandwichelement mit zwischenliegender Wärmedämmung – erstellt. Sie wurden verputzt, mit Fassadenelementen – hinterlüftet oder unbelüftet – bekleidet oder bereits mit WDVS gedämmt. Die Mindestanforderungen des baulichen Wärmeschutzes nach DIN 4108 wurden eingehalten.
- Dächer wurden bereits nach DIN 4108 wärmegedämmt. Beim Steildach wurden Holzsparren verwendet: unbekleidet oder mit mineralisierten Holzwolleleichtbauplatten und raumseitig verputzt oder mit Gipskartonplatten bekleidet, oft mit Mineralwollesteppmatten unter der Dachlattung gedämmt. Bei Flachdächern wurden sogenannte „Kaltdächer" ohne Belüftung oder „Warmdächer" mit Belüftung ausgeführt. Als Wärmedämmstoffe verwendete man meist Mineralwolledämmstoffe, Polystyrolhartschaumplatten sowie Holzwolleleichtbauplatten. Die Steildächer im Mehrgeschossbau wurden selten ausgebaut und wärmegedämmt. Die Dacheindeckung erfolgte mit Tondachziegeln, Betondachsteinen, Asbetszementwellplatten, Metallwellplatten, Bitumen- oder Kunststoffdachbahnen, in manchen Regionen auch mit Metallblech.
- Als Fenster waren ein- und mehrflüglige Holzfenster mit Doppelverglasung üblich, im Laufe der Zeit wurden diese durch Kunststofffenster und/oder Metallfenster mit Isolierverglasung (zwei Scheiben mit Vakuumzwischenraum) abgelöst.
- Kellerdecken ähnlich Klasse B, allerdings meist mit verbesserter Dämmung nach DIN 4108.
- Geschoss- und Zwischendecken ähnlich Klasse B, jedoch mit verbessertem Schall- und Wärmeschutz,
- die Geschosszahl überstieg selten fünf Geschosse, „Hochhäuser" waren noch unbekannt.

Typische Probleme

- Der Bauboom brachte teilweise minderwertiges Material und mangelbehaftete Bauleistungen mit sich.
- Nicht immer wurden die Mindestanforderungen des baulichen Wärme- und Schallschutzes eingehalten.
- Deshalb sind bei diesen Häusern oft aufwändige Instandhaltungskosten erforderlich, um heutige Wohnstandards zu erreichen

Gebäudeklasse E (1960 bis 1970)

In den 1960er Jahren begann in Westdeutschland ein großer Wendepunkt in der Baukultur – der Siegeszug des Betons. Auch die Dachform veränderte sich: Statt der traditionellen Steildächer kam das Flachdach in allen seinen Varianten in Mode. Die beliebteste Bauform bei Einfamilienhäusern war der Bungalow mit Flachdach. Die Außenwände und Keller wurden betoniert, die Kellerwände gegen Feuchte abgedichtet. Die Haustechnik und der Bereich der Wärmedämmung, des Schallschutz sowie der Klima- und Heizungsinstallation wurde stärker beachtet. Die bisherige Kohle- bzw. Koksheizung wurde durch gesteuerte dezentrale Öl- und Erdgasheizungen abgelöst, auch zur Warmwassererzeugung.
Reihenhäuser waren ebenso beliebt wie Fertighäuser in Holzbauweise. Der Geschosswohnungsbau war gekennzeichnet durch den Einsatz von im Werk vorgefertigten Bauteilen oder vor Ort in „Feldfabriken“ hergestellten großformatigen Betonbauteilen. Nicht nur in Ostdeutschland wurden große Siedlungsbauten in Plattenbauweise erstellt.

Typische Probleme

- Kellerfundamente sind selten, Wände im Erdreich wurden ohne ausreichende Abdichtung gegen Erdfeuchte und drückendes Wasser errichtet.
- Die Sanitär- und Abwasserinstallation sind veraltet, verkalkt und korrodiert.
- Heizkörper besitzen keine Thermostatventile, Entlüftung bei Gussheizkörpern ist nicht möglich, die Wärmeabgabe reicht nicht aus.

- Die Anschlusswerte die Elektroleitungen pro Raum sind ungenügend und die Sicherungssysteme veraltet.
- Es wurden gesundheitsgefährdender Stoffe verwendet, wie z.B. teerhaltige Baustoffe, Asbest, Mineralwolle-Dämmstoffe (mit sehr kleinen Fasern, die eingeatmet werden können), formaldehydhaltige Holzbauteile (besonders bei Fertighäusern).
- Der Schallschutz ist oft unzureichend.
- Der Wärmeschutz entspricht nicht heutigen Ansprüchen der Energieeinsparung.
- Holzfenster sind oft einfach verglast. Isolierverglasung ist selten.
- Der Brandschutz ist mangelhaft.
- Fahrstühle in mehrgeschossigen Gebäuden entsprechen nicht den heutigen Sicherheitsanforderungen.

Gebäudeklasse F (1970 bis 1980)

Ab 1970 ist der Wiederaufbau mit seiner Forderung an schnell beziehbaren und kostengünstigen Wohnungsbau größtenteils abgeschlossen.
Statische Erkenntnisse führen zur Entwicklung dünner Deckenplatten und gering dimensionierter tragender Wände. Die industrielle Fertigungstechnik ermöglicht Sandwichkonstruktionen oder eine Verbundbautechnik, die im Wohnungsbau hilft Kosten zu reduzieren.
Die erste „Ölkrise" (1973) lenkte das Augenmerk verstärkt auf die Einsparung von Heizenergie, meist waren die Wohngebäude mit einer zentralen Ölheizung ausgestattet, und die Verbesserung des Wärmeschutzes. Merkmale der Gebäudeklasse F sind:

- Die Außenwände werden dicker dimensioniert gemauert, teilweise verputzt oder mit wärmedämmenden Fassadenkonstruktionen (hinterlüftet oder nicht hinterlüftet) bekleidet.
- Beim Mauerwerk setzt man auf porosierte Mauersteine, Leichtbetonhohlblock- oder -vollsteine, den Betonwänden werden Zuschlagstoffe beigegeben, die eine Wärmedämmung verbessern, und verstärkt auf zusätzliche Wärmedämmstoffe (z. B. Kerndämmung, WDVS-Systeme, hinterlüftete Vorhangfassaden, usw.).
- Dächer werden verstärkt als zusätzlicher Wohnraum entdeckt. Damit einher geht die Verbesserung des Wärmeschutzes im Dach mittels luftdichter Dach- und Wandkonstruktionen. Der Dämmwert der Flachdächer entspricht der DIN 4108 und der folgenden EnEV 2002.

- Verbesserte Fensterkonstruktionen aus verschiedenen Werkstoffen mit wärmegedämmtem Rahmen und Fensterstock finden Verwendung. Zwei- und Mehrscheibenisolierverglasung wird eingesetzt.
- Decken werden meist aus Ortbeton- oder Fertigteildecken mit entsprechender Beachtung des Schall- und Wärmeschutzes konstruiert.
- Je nach Gebäudegröße ist ein zentraler Personenaufzug vorhanden.
- Die Heizanlage entspricht den höheren Anforderungen der EnEV 2002 bzw. der Heizanlagenverordnung.

Gebäudeklasse G (ab 1980)

Die Betonarchitektur der 1960er und 1970er Jahre wird seit den 1980ern durch eine „menschlichere“, kleiner gegliederte Architektur abgelöst. Der Trend geht zur ökologischen Gesamtsichtweise in Hinblick auf Materialeinsatz und Baukonstruktion. Bauherren schöpfen zunehmend die vorhandenen technischen Möglichkeiten aus, um die Kosten für Warmwasserbereitung und Gebäudeheizung möglichst gering zu halten. Außerdem wendet man sich erstmals der Nutzung von Solar- und Windenergie zu.

Typische Probleme

- Die Sanitärinstallation sind heute zumeist korrodiert und veraltet.
- Die Wärmedämmung von Außenwänden, Kellern oder Dächern entspricht nicht den Anforderungen der Energieeinsparverordnung (EnEV) 2009.
- Häufig wurden asbesthaltige Materialien verwendet für Elektrospeicherheizöfen und im Trockenbau.
- Mineralwolledämmstoffe, die aus alter Produktion stammen und deren Faserlängen und -dicken zu klein und damit lungengängig sind, fanden noch teilweise Verwendung.
- Formaldehydhaltige Holzbauteile wurden verwendet. Und es wurde mit gesundheitsgefährdenden Holzschutzmitteln gearbeitet.

Bei mehrgeschossigen Gebäuden sollten Sie vor dem Kauf außerdem die Rettungswege und die Feuerwehrzufahrt überprüfen sowie den evtl. vorhandenen Fahrstuhl auf die entsprechenden technischen Anforderungen hin.

Nach Sanierungen, Reparaturen und Modernisierung fragen

Lassen Sie sich das Baujahr immer verbindlich bestätigen, beispielsweise durch Vorlage der Originalbaupläne. Fragen Sie bei der Besichtigung des angebotenen Objektes den Verkäufer oder Makler aber auch immer nach den durchgeführten Sanierungen, Reparaturen und Modernisierungen mit entsprechender Jahreszahl.

Exkurs: Der Kauf eines unter Denkmalschutz stehenden Hauses

Sehr alte Gebäude sowie Fachwerkhäuser stehen oft unter Denkmalschutz. Hier dürfen Umbauarbeiten meist nur unter besonderen Auflagen durchgeführt werden oder es besteht ein Umbauverbot. Das kann besonders dann zu Problemen führen, wenn die Wärmedämmung unzureichend ist und Sie Ihre Immobilie entsprechend der Energieeinsparverordnung (EnEV) 2009 verändern wollen.

Die EnEV 2009 berücksichtigt allerdings die Auflagen des Denkmalschutzes. Als Käufer oder Eigentümer eines denkmalgeschützten Gebäudes können Sie mit Erleichterungen rechnen. Auch können Sie die Wärmedämmung mit Konstruktionen verbessern, die im Rauminnern angebracht werden. Aus bauphysikalischer Sicht sind Innendämmungen zwar wenig empfehlenswert, doch sind sie besser, als nichts zu unternehmen. In solchen Fällen schalten Sie bitte immer einen Bauphysiker ein, damit die durchgeführte Sanierung oder Modernisierung nicht nach einiger Zeit Bauschäden verursacht.

Was bedeutet der Denkmalschutz für Sie?

Verlangen Sie bereits im Vorfeld der Kaufgespräche vom Verkäufer eine verbindliche Aussage darüber, ob für das Objekt Denkmalschutz besteht und welche Auflagen es bis zum Verkaufszeitpunkt gibt. Steht Ihre Immobilie unter Denkmalschutz, sind Sie zum Erhalt verpflichtet. Das kann eine erhebliche finanzielle Belastung darstellen und Sie zudem in Ihrem Eigentumsrecht einschränken. Allerdings ist dies nur im Rahmen der Zumutbarkeit rechtlich zulässig. Sehr oft kommt es auch vor, dass der Denkmalschutz mit den Interessen einer wirtschaftlichen Nutzung kollidiert.

Steuerliche Vorteile

Allerdings bietet ein denkmalgeschütztes Gebäude in vielen Fällen auch steuerliche und wirtschaftliche Vorteile. Zu Ihrer Entlastung können Sie Fördermittel beantragen. In ausgewiesenen Sanierungsgebieten, besonders in innerörtlichen Kernbereichen, unterstützen beispielsweise die Kommunen über vom Bund bzw. Land aufgelegte Sonderprogramme zur Städtebauförderung die Sanierung gefährdeter Gebäude.
Es gibt also keine allgemeingültige Empfehlung dazu, ob Sie ein denkmalgeschütztes Gebäude kaufen sollten. Wie bei allen anderen Immobilien auch müssen Sie immer den konkreten Einzelfall betrachten und Ihre eigenen Vorstellungen berücksichtigen.

Rechtliche Bestimmungen und zuständige Behörden

Die rechtlichen Bedingungen für den Denkmalschutz sind im Denkmalrecht festgeschrieben. In Deutschland liegt die entsprechende Gesetzgebungskompetenz bei den einzelnen Bundesländern, weshalb es mittlerweile 16 verschiedene Denkmalschutzgesetze gibt. Die aktuellen Versionen des jeweils gültigen Gesetzes können Sie auf den Internetseiten der Landesämter für Denkmalpflege und der Obersten Denkmalschutzbehörde einsehen.
In Österreich ist das Bundesdenkmalamt die oberste Schutzbehörde. Auf Länderebene arbeiten neun Landeskonservatorate. Zusätzlich gibt es noch den Denkmalbeirat mit beratender Funktion.
In der Schweiz sind der Bund und die Kantone zuständig. Auf Bundesebene ist die Eidgenössische Kommission für Denkmalpflege oberstes Gremium. In den Kantonen gibt es Fachkommissionen und -gremien, beispielsweise Denkmalrat, Stadt- und Dorfbildkommission.

Denkmalpflege

Als Denkmalpflege werden die geistigen, technischen, handwerklichen und künstlerischen Maßnahmen zur Er- und Unterhaltung von Kulturgütern bezeichnet. Folgendes ist dabei möglich:

- Alterungsprozess zulassen: keine oder nur sehr geringe Eingriffe, kontrollierter Verfall
- Instandhaltung: übliche Pflegearbeiten wie Säuberung, Anstrich, kontrollierter Ersatz
- Konservierung: Erhalt des augenblicklichen Zustands, Anhalten des Alterungsprozesses
- Reparatur, Sanierung: Ersetzen verbrauchter und beschädigter Teile
- Restaurierung: umfangreiche Erneuerungen, die über reine Reparaturarbeiten hinausgehen
- Rekonstruktion: Wiederherstellung der verloren gegangenen Erscheinung (Architektur, Optik) von Bauteilen, Gebäudeteilen oder ganzen Bauten auf Basis schriftlicher oder bildlicher Quellen
- Anastilosis: Zusammensetzen eingestürzter Bauten
- Translozierung: Versetzen vom ursprünglichen auf einen anderen Standort

Bei größeren Objekten geht man vielfach dazu über, in Abstimmung mit dem Denkmalschutz eine Kernsanierung durchzuführen, um bei der Wohnungsausstattung die Wünsche künftiger Bewohner zu berücksichtigen oder die Grundrisse einer anderen Nutzung zuführen zu können. Dabei bleibt die äußere Hülle des Gebäudes erhalten, der Innenausbau erfolgt nach dem aktuellen Stand der Technik (Wärme-, Schall-, Brandschutz, Haustechnik usw.). Da der finanzielle Aufwand solcher Bauvorhaben jedoch sehr hoch ist, wenden private Bauherren eine solche Lösung nur selten an.

Wie ist der bauliche Zustand der Immobilie?

Ob sich der Kauf einer Immobilie wirtschaftlich lohnt und welche Investitionen notwendig sind, hängt unmittelbar vom baulichen Zustand ab. Deshalb sollten Sie vor einer Kaufentscheidung immer erst den Istzustand des Gebäudes ermitteln. Denn davon hängt ab, ob nur modernisiert oder grundlegend saniert werden muss.

Zur Bestandsaufnahme ist die persönliche Besichtigung der Immobilie unbedingt notwendig. Besser noch, Sie nehmen die Besichtigung gemeinsam mit einem sachverständigen Fachkraft vor. Lassen Sie sich Zeit für eine detaillierte Begutachtung. Auch wenn es möglicherweise eine Konkurrenzsituation mit anderen Kaufinteressenten gibt.
Damit Ihnen für die Besichtigung ausreichend Zeit zur Verfügung steht, vereinbaren Sie am besten bereits im Vorfeld mit dem Verkäufer oder Makler einen Zeitrahmen von

- mindestens zwei Stunden für Einfamilienhäuser und Eigentumswohnungen,
- bis zu einem Tag für Mehrfamilienhäuser und für
- Großobjekte durchaus auch mehrere Tage.

Die Inaugenscheinnahme sollte grundsätzlich unverbindlich sein. Und bestehen Sie auch darauf, dass die Besichtigung bei Tageslicht stattfindet!

EXPERTENTIPP

Holen Sie Informationen vor der Bestandsaufnahme ein

Lassen Sie sich vor der Begehung vom Verkäufer die genaue Anschrift und alle Baupläne (Grundrisse, Ansichten, statische Berechnungen, Informationen über Um- und Anbauten, Installation etc.) des Objektes zur Verfügung stellen.

Auch wenn Sie mit diesen Forderungen auf Ablehnung stoßen, bleiben Sie hartnäckig. Ein seriöser Verkäufer, der nichts zu verbergen hat, wird den Forderungen nachkommen, soweit dies aufgrund des Gebäudealters noch möglich ist.

Honorar für den Sachverständigen

Haben Sie mit der Ermittlung des baulichen Zustands einen Sachverständigen (Architekt, Ingenieur) beauftragt, richtet sich dessen Honorar nach zeitlichem Aufwand und Leistungsumfang. Legen Sie diesen und den Kostenrahmen vor dem Beauftragen schriftlich genau fest. Folgende technische Ausrüstung sollten Sie bei der Besichtigung mitführen:

Checkliste: Ausrüstung für die Bestandsaufnahme	
Festes Schuhwerk	
Schmutzunempfindliche Kleidung	
Fotoapparat mit Blitz	
Notizblock und Stift	
Checklisten aus diesem Buch	
Taschenmesser	
Schraubenzieher	
Bandmaß oder Zollstock	
Wasserwaage	

Taschenlampe	
Fernglas	
Lupe	
Gefrierbeutel (für evt. Erd- oder Baustoffproben)	

Weitere Tipps für die Praxis

- Ziehen Sie robuste Kleidung an, da unter Umständen Keller und Heizräume verschmutzt sind.
- Stimmen Sie mit dem Verkäufer bzw. seinem Vertreter vor der Begehung ab, ob Sie Fotos machen dürfen.
- Stimmen Sie ebenfalls ab, ob Sie Erd- oder Baustoffproben entnehmen dürfen.
- Gehen Sie bei der Besichtigung systematisch vor und prüfen Sie kritisch die Angaben des Anbieters.
- Sehen Sie sich grundsätzlich das gesamte Gebäude an, auch Dach-, Stau- und Kellerräume.
- Begutachten Sie den Zustand des Dachs, und zwar auch des Dachstuhls, des Kellers und der Fassade.
- Machen Sie sich während der Objektbesichtigung ausreichend Notizen.
- Verwenden Sie dazu auch die Checklisten von der CD-ROM, die Sie durch eigene Zusatzbemerkungen ergänzen können.
- Fotografieren Sie Details, um später verschiedene Immobilien besser vergleichen zu können oder den Sanierungsbedarf im Bild festzuhalten.
- Verlangen Sie vom Makler oder Besitzer zu Aussagen, die Ihnen nicht einleuchten oder zweifelhaft erscheinen, eine schriftliche Bestätigung.

Bestandsaufnahme 1: Umfeld und Grundstück

Achten Sie auch auf das Umfeld – Lage, Situation der Bebauung, Stadtteil, Nähe zu öffentlichen Einrichtungen, Verkehrsanschluss usw. Die Besichtigung beginnt normalerweise mit einer Überprüfung des Grundstücks bzw. mit einem generellen Rundgang um das Gebäude, wobei Sie Nebengebäude, Garagen, Außenanlagen, Wege, Einfriedung usw. begutachten und alles notieren.
Gleichzeitig erhalten Sie einen ersten Eindruck vom allgemeinen Gebäudezustand.

- Überprüfen Sie bei dieser Gelegenheit den Sockelbereich des Hauses auf Feuchtigkeit (dunkle Flecken) und Ausbesserungen.

- Achten Sie auf den Zustand der Fassade, Fenster und Balkone sowie auf evtl. vorhandene Kellerzugänge und andere Treppen.
- Mit einem Fernglas können Sie unter anderem den Zustand der Dachanschlüsse, Schornsteinköpfe, Verblechungen und Entlüftungsrohre überprüfen.

Nach dem Rundgang außen erfolgt die Besichtigung innen. Beginnen Sie mit dem Keller- bzw. Untergeschoss.

Bestandsaufnahme 2: Kellergeschoss

Bei größeren Wohngebäuden befinden sich im Kellergeschoss sogenannte Nebenräume, die zur Versorgung der Bewohner oder zur Lagerung von Gegenständen dienen. Außerdem gibt es auch Wohn- und Büroräume oder Einliegerwohnungen (Souterrain) im Untergeschoss.
Bei Altbauten aus der Zeit bis ungefähr 1950 wurden die Bodenplatten im Keller nicht wärmegedämmt ausgeführt. Wie bereits geschildert, ist in vielen Fällen auch eine unzureichende Abdichtung gegen Erdfeuchte oder drückendes Wasser der Bodenplatten und Außenwände zu verzeichnen. Die meist unter der Kellerdecke verlaufenden Rohrleitungen für Kalt- und Warmwasser, oft auch Abwasser, sind nicht wärmegedämmt oder nur unzureichend isoliert. Dadurch kann sich Oberflächenkondensat in Form von Wassertröpfchen auf den Leitungen niederschlagen und zu Rostbildung oder sogar Durchrostung führen. Auch Kellerfenster und andere Öffnungen stellen Risikobereiche dar.

Feuchteschäden

Riecht es „muffig", ist die Luftfeuchtigkeit hoch bzw. sind Fußboden oder Wände feucht, können Sie davon ausgehen, dass es Feuchteschäden gegeben hat oder die Feuchteisolierung des Untergeschosses nicht in Ordnung ist.
Besonders bei den Gebäudeklassen A bis D sollten Sie verstärkt auf feuchte Flecken an Fußböden, Wänden und Decken achten. Denn aufgrund der Bauweise, fehlender Normen und schlechter Baustoffqualität sind bei Häusern dieser Baujahre Mängel an der Abdichtung gegen Bodenfeuchtigkeit oder chemische Bestandteile im Erdreich anzutreffen. Oft bestehen die Kellerböden noch aus Lehm, einfachem Stampfbeton oder Zementestrich, der ohne Abdichtung gegen Erdfeuchte eingebaut wurde.

Bei Flecken an Decken oder Wänden Ursachen erforschen

Zeigen sich dunkle oder kristalline Flecken an den Wänden und Decken, ist irgendwann einmal Feuchtigkeit eingedrungen oder hat sich aufgrund mangelhafter Wärmedämmung durch Tauwasseranreicherung auf den kalten Bauteilflächen gebildet. In solchen Fällen müssen Sie unbedingt die Ursache finden und dann sollte eine entsprechende fachlich fundierte Bausanierung durchgeführt werden. Das kann beträchtliche Kosten verursachen, da eine sachgemäße nachträgliche Abdichtung nur von der Geländeseite aus möglich ist. Zudem ist eine waagerechte Abdichtung notwendig, die den Feuchteaufstieg aus dem Untergrund in das darüberliegende Mauerwerk verhindert. Diese wird sowohl über dem Kellerfußboden als auch unter der Erdgeschossdecke in die Mauerwerksfugen eingelegt.

Kontrolle mit der Taschenlampe

Nehmen Sie zur Besichtigung immer eine Taschenlampe mit und leuchten Sie die „nicht zugänglichen" Bereiche, die oft im Dunkeln liegen, deutlich aus. Kontrollieren Sie mit der Taschenlampe den Heiz-, Öllager- oder Holzpelletsraum. Sind diese Anlagen außerhalb des Gebäudes im Erdreich, überprüfen Sie alle Kontrollschächte.

Bestandsaufnahme 3: Heizung und Energieversorgung

Normalerweise befinden sich im Kellergeschoss auch der Heizraum und der Hausanschlussraum. Besonders bei älteren Gebäuden sind häufig veraltete und zu hohem Energieverbrauch tendierende Heizsysteme vorhanden.

- Achten Sie auf die Wärmedämmung der Heizwärme- und Warmwasserleitungen. Ist diese zu gering, so ist der Wärmeverlust auf dem Transportweg vom Heizkessel zum Heizkörper sehr hoch, die Leitungen heizen die Umgebungsluft, was selbstverständlich nicht sinnvoll ist.
- Überprüfen Sie die Brauchwasserleitungen (kalt und warm). Sind diese nicht oder nicht ausreichend wärmegedämmt, bildet sich durch Kondensat auf der Oberfläche Rost bzw. Patina. Feuerverzinkte oder aus Bronze hergestellte Muffen erzeugen ein elektrisches Feld und fördern damit Lochfraß.
- Erkundigen Sie sich, ob elektrische Leitungen unmittelbar unter dem Putz verlegt wurden.
- Gibt es alte Telefonleitungen, die offen auf Putz liegen?

Eine normale Gas- oder Ölzentralheizung besteht in der Regel aus folgenden Einzelkomponenten:

- Tankanlage bei Ölheizungen
- Rohrleitungen und einem Sperrventil bei Gasheizungen

- Brenner für die Wärmeerzeugung
- Kesselanlage für Heizung und Warmwasseraufbereitung
- Heizungspumpen zur Verteilung des Heizwassers über Rohrleitungen zu den Heizkörpern bzw. zum Verteiler einer Fußbodenheizung
- Rohrleitungen für Heiß- und Kaltwasser
- Heizkörpern in den Gebäuderäumen bzw. Fußbodenheizelementen
- Sicherheitseinrichtung, z.B. Überdruckventil, Notabschaltung, Ausdehnungsgefäß, elektronische Steueranlage
- Außentemperaturthermostaten zur Heizungssteuerung (Winter/Sommer)
- Elektronische Steuerungsanlagen, Wärmepumpen, isolierten Warmwasserbehälter usw. bei Einsatz erneuerbarer Energien

Angaben auf Typenschildern

Notieren (oder fotografieren) Sie die Angaben auf den Typenschildern der Geräte (Leistung, Baujahr, Hersteller, wann eingebaut etc.). So kann ein Heizungsfachmann Ihnen falls notwendig ein überschlägiges Angebot zu notwendigen Investitionen erstellen.

Regelmäßige Wartungen

Verlangen Sie vom Verkäufer außerdem einen Nachweis über die regelmäßige Wartung (Serviceheft bzw. -vertrag) der Geräte, die Protokolle des Schornsteinfegers und Abrechnungen zum Öl- oder Gasverbrauch. Erscheint Ihnen der Verbrauch zu hoch, sind Maßnahmen an der Gebäudehaut notwendig. Weitere Informationen dazu finden Sie im Buch „Energiekosten für Gebäude senken" (Haufe Verlag, ISBN 978-3-448-09352-0).

Leitungen prüfen

Im Hausanschlussraum befinden sich die dem Gebäude von außen zugeführten Leitungen. Überprüfen Sie diese auf Dichtheit der Wanddurchführung, Korrosion und Befestigung. Notieren Sie alle Daten der Etiketten der Gas- und Elektrozähler sowie der Wasseruhr, die Sie ebenfalls hier finden.

- Wann wurde das letzte Mal geeicht bzw. ein Zähler ausgetauscht?
- Ist die Plombierung in Ordnung?
- Sind Notabsperrventile vorhanden?
- Sind die Elektrosicherungen einwandfrei?

Bestandsaufnahme 4: Die einzelnen Geschosse

Anschließend erfolgt die Begehung der Geschosse, beginnend im Erdgeschoss. Überprüfen Sie Konstruktionsaufbau und Qualität der Wände, Decken und Fußböden, den Zustand der Heizkörper und Öfen, den Verlauf und Zustand der elektrischen Leitungen, den Zustand der Sicherungskästen, die Anzahl und Art der Steckdosen usw.
Kontrollieren Sie Sanitärinstallationen in Bädern und WC auf Leckagen und Roststellen, die Festigkeit der Wände, Fliesen, Bodenbeläge in den Nassräumen, Material und Zustand der Türen und Fenster (Schließen diese luftdicht?) und notieren Sie Ihre Eindrücke.
Auch der Schallschutz ist wichtig: Hört man Geräusche aus der Nachbarwohnung, dem Treppenhaus, dem Nebenraum oder von draußen?

- Um die genaue Größe der Räume zu ermitteln, sollten Sie immer einen Zollstock oder ein Maßband dabei haben. So stellen Sie fest, ob die Angaben des Verkäufers bzw. der vorhandenen Baupläne auch der Realität entsprechen.
- Sollten sich in den Räumen noch Möbel oder andere Gegenstände befinden, schauen Sie unbedingt dahinter, ob sich nicht Schadstellen oder Flecken zeigen.
- Achten Sie auf die Beschaffenheit der Fußböden.
- Flecken oder dunkle Stellen an Fußboden, Wand oder Decke weisen auf Feuchteprobleme hin.
- Fragen Sie, ob lösemittelhaltige Baustoffe, Kleber, Furniere oder Einbaumöbel verwendet wurden. Im Zweifelsfall lassen Sie sich die Angaben schriftlich bestätigen.
- Gibt es im Gebäude noch alte Elektrospeicheröfen? Diese enthalten in der Regel gesundheitsschädigende Asbestfasern.
- Lassen Sie sich immer den nach der Energieeinsparverordnung (EnEV) 2009 erstellten Energieausweis vorlegen. Prüfen Sie, ob dieser von einem zugelassenen Fachmann erstellt wurde (Unterschrift, Stempel). Seien Sie vorsichtig bei Formularen aus dem Internet. Diese durften zwar bis 2008 verwendet werden, entsprechen aber selten den heutigen Anforderungen.
- Achten Sie bei der Überprüfung der einzelnen Räume auch auf einen ausreichenden Schallschutz.

Bestandsaufnahme 5: Das Dachgeschosses

Abschließend besichtigen Sie das Dachgeschoss bzw. Dach. Das Dach ist ein sehr sensibler Gebäudeteil: Bis zu fünfzig Prozent der Heizwärmeverluste bei kleineren Häusern erfolgen über die Dachfläche. Bei geneigten Dächern kann die Begehung und Kontrolle leicht vom Dachraum aus erfolgen, bei Flachdächern dagegen müssen Sie eine Dachbegehung vornehmen.

- Niedrige Gebäude und Mehrfamilienhäuser haben meist ein Steildach. Je steiler die Dachfläche ist, desto mehr Wohnfläche lässt sich hier unterbringen oder bei einem nachträglichen Ausbau herstellen. Besonders bei Altbauten wurden solche Dachgeschosse oft als reine Abstellfläche genutzt und selten wärmegedämmt oder luftdicht ausgeführt.
- Die Dachstuhlkonstruktion (Holzbalken, Sparren) ist meist nicht bekleidet, sodass die unbehandelte Innenansicht unmittelbar den Dachraum umschließt. Achten Sie auf Feuchteschäden durch Regenwasser oder Schneeeintrieb, da ein wasserführendes Unterdach, wie es heute vorgeschrieben ist, oft fehlt.
- Überprüfen Sie unbedingt auch den Dachstuhl. Helle Flecken, weiche Stellen oder kleine Löcher deuten auf Schadstellen bzw. Insektenbefall hin. Hier muss unbedingt ein Fachmann mit herangezogen werden.
- Flachdächer weisen nach zehn oder mehr Jahren häufig Feuchteschäden auf. Gründe hierfür sind eine nicht vorhandene oder unzureichende Wärmedämmung, das Fehlen eines wasserdichten Unterdachs oder durch Alterung oder UV-Einstrahlung in ihrer Funktion geminderte Eindeckstoffe.
- Achten Sie bei Kunststoffdachbahnen besonders auf die Nahtverbindungen. Bei bituminösen Dachabdichtungsbahnen können stehende Wasserlachen die Bildung von Moos verursachen und beim Abtrocknen eine Versprödung der Dachbahn. Dadurch können sich Risse bilden, durch die Wasser in die Dachkonstruktion eindringen kann.
- Überprüfen Sie auch die Regenwasserableitung (Rinnen und Fallrohre) auf ihre Funktionsfähigkeit.
- Bei nachträglich aufgestocktem Dach oder einer späteren Änderung vom Flach- zum Steildach sollten Sie unbedingt die Statik der tragenden Dachkonstruktion überprüfen. Lassen Sie sich in einem solchen Fall vom Verkäufer die genehmigte Prüfstatik vorlegen.
- Da Dachgeschosse, vor allem bei Steildächern, oft selbst bei Tageslicht sehr dunkel sind, vergessen Sie nicht, eine hell ausleuchtende Taschenlampe mitzunehmen.

Bestandsaufnahme 6: Die Außenfassade

Richten Sie ein besonderes Augenmerk auf Fassadenplatten aus asbesthaltigem Faserzement (Asbestzementplatten). Asbesthaltige Produkte müssen nach der Gefahrstoffverordnung entsorgt werden. Da Sie in solchen Fällen besondere technische Sicherheitsmaßnahmen beachten und die asbesthaltigen Baustoffe und Stäube als Sondermüll auf speziellen Deponien entsorgen müssen, ist der Kostenaufwand sehr hoch. Zudem sollten Sie die von asbesthaltigen Produkten ausgehende gesundheitliche Gefahr niemals unterschätzen.

- Achten Sie besonders bei älteren Gebäuden auf den geforderten Mindestwärmeschutz. Dieser ist nicht immer ausreichend vorhanden.
- Obwohl die statische Sicherheit oft aufgrund dicker Wände und Decken gegeben ist, sollten Sie auch dafür den Istzustand notieren.
- Prüfen Sie bei höheren Gebäuden auch die Tragkraft der früher verarbeiteten Fassadendübel. Hier ist die Schadenshäufigkeit durch eine materialbedingte Veränderung relativ hoch.

Bestandsaufnahme 7: Die Außenbauteile der Fassade

Nicht nur der Zustand der Fassadenoberfläche ist für eine Beurteilung der Immobilie wichtig, sondern auch die in oder an der Fassade vorhandenen Bauteile. Hier geht es darum festzuhalten, welche Schäden, schadhaften Teile oder Probleme an Fenstern, Türen, Roll- und Klappläden, Balkonen, Terrassen, Loggien usw. vorhanden sind.

- Bei älteren Gebäuden findet man häufig noch Fenster ohne Isolierverglasung vor. Diese Konstruktionen sollten Sie auf jeden Fall komplett erneuern oder zumindest den heutigen Anforderungen anpassen.
- Testen Sie bei der Besichtigung die Funktion jedes einzelnen Fensters und jeder Außentür. Ob die Fenster dicht sind, überprüfen Sie mit einer Kerze. Halten Sie diese dicht an die Fensterfuge. Flackert sie, ist das ein Zeichen, dass die Fensterdichtungen nicht mehr in Ordnung sind und viel teure Heizenergie aus dem Raum entweichen lassen.
- Schauen Sie bei Fenstern mit Holzrahmen innen und außen auf den Anstrich.
- Besteht Denkmalschutz für das Gebäude, gibt es meist sehr hohe Auflagen bezüglich des Einbaus neuer Fenster. Sie sollten sich in diesem Fall beim Denkmalschutzamt entsprechend frühzeitig erkundigen.
- Beim Balkon oder der Loggia achten Sie besonders auf die Bodenbeläge und die Wasserabläufe.

Bestandsaufnahme 8: Der Brandschutz

Der Brandschutz ist ein besonders sicherheitsrelevanter Bereich, der für alle im Gebäude wohnenden oder anwesenden Personen und vorhandenen Dinge gilt. Besonders bei älteren Gebäuden bis zur Kategorie C ist ein ausreichender Brandschutz selten vorhanden und kann nur mit großem Aufwand erzielt werden. Dies gilt besonders für denkmalgeschützte Gebäude, für die frühzeitig mit der zuständigen Behörde geklärt werden muss, wie der grundsätzlich erforderliche Brandschutz erreicht werden kann.
Bei neueren Gebäuden ist der Brandschutz dagegen in der Regel ausreichend berücksichtigt. Trotzdem kann die Brandschutzbehörde nachträglich zusätzliche Auflagen machen.
Deshalb sollten Sie bei einer Gebäudebegehung immer auch auf den Brandschutz achten – besonders bei Gebäuden mit mehreren Stockwerken und in baulichen Ballungsräumen – und die gemachten Angaben kritisch hinterfragen. Denn mangelhafter oder gar fehlender Brandschutz gefährdet später, wenn Sie eingezogen sind, auch Ihr Leben. Außerdem bedeutet eine nachträgliche Anpassung an die aktuellen Brandschutzbestimmungen zusätzliche Investitionen für Sie.

- Achten Sie bei Umbauten und Sanierungen darauf, ob leicht brennbare Baustoffe und Bauteile eingebaut bzw. verwendet wurden.
- Oft sind es jedoch weniger die verarbeiteten Baustoffe, die den Brandschutz mindern, sondern die Fluchtwege, die aufgrund von Umbauten nicht mehr oder nicht ausreichend vorhanden sind.
- Brandschutztüren in Altgebäuden wurden bis in die 1970er oft als einfache Eisentüren ausgeführt. Für die Zugänge zum Keller, zu Heiz- und Lagerräumen sowie Dachböden sollten bei größeren Wohneinheiten jedoch ausgewiesene und entsprechend gekennzeichnete Brandschutztüren nach DIN 4102 vorhanden sein. Dies kann auch auf Fenster und Fenstertüren zutreffen.
- Hohe Wohngebäude mit Fahrstühlen müssen auch im Treppenhaus entsprechend ausgerüstete Türen haben. Glastüren müssen mit Brandschutzglas ausgestattet sein.
- In großen Treppenhäusern sind Rauchgasklappen und -fenster vorgeschrieben, sie sollten jedoch in allen Treppenhäusern eingesetzt werden. Ebenso sollten hier wie in den Wohnungen und Büros Rauchgasmelder installiert sein. Die Rettungswege müssen gut sichtbar markiert sein.

Alle Brandschutzvorrichtungen müssen regelmäßig auf Funktion und Sicherheit überprüft werden. Dies ist ab einer bestimmten Gebäudegröße bzw. -höhe auch gesetzlich vorgeschrieben. Doch warten Sie nicht erst bis zur nächsten gesetzlich vorgeschriebenen Brandschutzbegehung der zuständigen Behörde (dies kann je nach Region das Bauamt, die Feuerwehr, die Baupolizei oder eine andere Behörde sein). Ziehen Sie bei Fragen oder Problemen einen Fachmann für Brandschutz oder die örtliche Feuerwehr hinzu.

Brandschutzvorschriften und -normen

Das Bauordnungsrecht stellt bestimmte Mindestanforderungen an den Brandschutz von baulichen Anlagen, lässt aber Planern, Bauherren und Handwerkern auch Spielräume, die zur Baukosteneinsparung genutzt werden können. In vielen Fällen wird aber gerade durch eine solche wirtschaftliche Ausrichtung die Sicherheit gefährdet, weil zu oft Vorschriften und Normen nicht geläufig sind und nicht beachtet werden. Deshalb ist es wichtig, bei der Inspektion eines Gebäudes zur Feststellung des baulichen Istzustands auch auf die nachfolgend kurz beschrieben Brandschutzvorschriften und -normen zu achten.
In den Brandschutzvorschriften der Bauaufsicht wird zwischen feuerhemmenden, hochfeuerhemmenden, feuerbeständigen und hochfeuerbeständigen Bauteilen und Materialien unterschieden. Weiterhin wird vorgegeben, ob Bauteile teilweise oder ganz aus nichtbrennbaren Baustoffen bestehen müssen.

Sie benötigen einen Nachweis

Durch die europäische Harmonisierung in Verbindung mit dem Bauproduktengesetz und der Bauproduktenrichtlinie wurden die Landesbauordnungen laufend abgestimmt und geändert. Für den Verwendbarkeitsnachweis für Bauprodukte muss entweder

- ein allgemeines bauaufsichtliches Prüfzeugnis (abP) oder
- eine allgemeine bauaufsichtliche Zulassung (abZ) oder
- eine Zustimmung im Einzelfall (Z.i.E.) vorgelegt werden oder
- für genormte Bauprodukte der Nachweis nach DIN 4102-4 / -22 geführt werden.

Welcher Nachweis jeweils erforderlich ist, steht in der Bauregelliste des DIBt, die jährlich neu überarbeitet wird. Zusätzlich wird zwischen nationalen Bauprodukten (geregelt oder nicht geregelt), europäischen Bauprodukten und Bauarten unterschieden. Welcher Verwendbarkeitsnachweis für welches Bauprodukt vorgelegt werden muss, wird ebenfalls in der Bauregelliste zusammengefasst. Die Liste beinhaltet alle am Bau zu verwendenden Bauprodukte (Baustoffe, Bauteile) für alle maßgebenden Eigenschaften – nicht nur in Bezug auf den Brandschutz.

Sicherheit bieten Baustoffe der Klassifizierung A „nichtbrennbar"

Laut Bauordnung sind bauliche sowie andere Anlagen und Einrichtungen im Sinne von § 1 Abs. 2 der Bundesbauordnung so anzuordnen, zu errichten, zu ändern und instand zu halten, dass die öffentliche Ordnung – besonders Leben, Gesundheit und die natürlichen Lebensgrundlagen von Menschen – nicht gefährdet wird.

Deshalb sollten grundsätzlich nur Baustoffe eingesetzt werden, die als mindestens „normalentflammbar" (B 2) nach DIN 4102 eingestuft sind (diese sind allerdings immer noch brennbar). Dagegen dürfen „leichtentflammbare" (B 3) Baustoffe nur unter bestimmten Bedingungen eingesetzt werden. Jeder verantwortungsbewusste Planer, Verarbeiter oder Bauherr sollte Baustoffe der Baustoffklasse B (nach DIN 4102) nur mit deutlicher Risikoabschätzung einsetzen und dann auch nur die der Klasse B 1.

Mehr Sicherheit bieten alle Baustoffe der Klassifizierung A („nichtbrennbar"). Werden brennbare Baustoffe eingesetzt, sollten Sie sich zusätzliche Maßnahmen überlegen, die der Feuerwehr im Brandfall einen schnellen und sicheren Zugriff gewährleisten (Notausgänge, Feuerleitern, gesicherte Zufahrt, Feuerschutztüren, Hydranten, gekennzeichnete Wasserentnahme, Rettungswege usw.). Eine Feuerwehrzufahrt muss in jeder baulichen Anlage vorhanden sein.

Baustoffklasse	bauaufsichtliche Benennung
A	**nichtbrennbare Baustoffe**
A 1	Baustoffe ohne brennbare Bestandteile und ohne besonderen Nachweis
A 2	Baustoffe mit brennbaren Bestandteilen (benötigen ein Prüfzeugnis)
B	**brennbare Baustoffe**
B 1	schwerentflammbare Baustoffe
B 2	normalentflammbare Baustoffe
B 3	leichtentflammbare Baustoffe

Brandschutz bei denkmalgeschützten Gebäuden

Grundsätzlich müssen auch bei denkmalgeschützten Gebäuden die Vorgaben des Brandschutzes erfüllt werden. Jedoch sind leichte Abweichungen möglich, vor allem bei den baustoffspezifischen Anforderungen. So kann beispielsweise eine Zustimmung erfolgen, wenn mit anderen Maßnahmen ein vergleichbares Schutzziel erreicht wird. Eine Lösung muss vom Planer erarbeitet werden. Empfehlenswert ist in diesem Fall, dass Sie einen fachkundigen Spezialisten damit beauftragen, da bei denkmalgeschützten Gebäuden häufig bestehende Bauteile geändert oder neue Elemente eingefügt werden. Das kann unter anderem dazu führen, dass ein entsprechender Verwendbarkeitsnachweis vorgelegt werden muss, entweder über eine Einzelprüfung oder eine gutachterliche Stellungnahme.

Bestandsaufnahme 9: Altlasten und Schadstoffe

Bei einer Sanierung oder einem Umbau alter Gebäude stellen sogenannte „Altlasten“ eine besondere Problematik dar. Vor allem betroffen sind Bauteile, die mit heute nicht mehr zulässigen Materialien gebaut wurden, und das Grundstück belasten. Denn die Bodenbelastung ist in Deutschland im Allgemeinen recht hoch.

Wie Grundstücke diesbezüglich rechtlich beurteilt werden, regelt das Bundes-Bodenschutzgesetz (BBodSchG), das zusammen mit den Bodenschutzgesetzen der Länder Hauptteil des Bodenschutzrechts in Deutschland ist. „Altlasten“ sind nach § 2 Abs. 5 des Gesetzes Altablagerungen und Altstandorte, durch die schädliche Bodenveränderungen oder sonstige Gefahren für den Einzelnen oder die Allgemeinheit hervorgerufen werden. Mit dem Gesetz wird das Ziel verfolgt, die Funktion des Bodens nachhaltig zu sichern oder wiederherzustellen.

Zur Bodensanierung gibt es nach § 2 Abs. 7 BBodSchG verschiedene Möglichkeiten: Dekontamination (Beseitigung oder Verminderung der Schadstoffe), Sicherung (langfristige Verhinderung oder Verminderung einer Ausbreitung der Schadstoffe, ohne die Schadstoffe zu beseitigen) sowie sonstige Maßnahmen zur Beseitigung oder Verminderung schädlicher Veränderungen der physikalischen, chemischen oder biologischen Beschaffenheit des Bodens. Folgende Maßnahmen werden angewandt:

- Verwaltungsmaßnahmen (z.B. Umnutzung der Fläche auf eine weniger empfindliche Nutzung)
- Sicherungsmaßnahmen (z.B. Einbau einer bautechnisch wirksamen Sperre)

- Umlagerung (das schadstoffhaltige Material wird an einen anderen Ort, z.B. eine Schadstoffdeponie gebracht)
- Dekontaminierung (Schadstoffe werden technisch entfernt)
- Sanierung, ohne Maßnahmen durchzuführen (die Selbstreinigung erfolgt auf natürliche Weise durch kontrollierten natürlichen Rückhalt und/oder Abbau der Schadstoffe)

Da all diese Maßnahmen mit einem entsprechenden finanziellen Aufwand verbunden sind, sollten Sie rechtzeitig klären, ob das angebotene Grundstück möglicherweise belastet ist.

Ist eine Sanierung oder Modernisierung notwendig?

Bei einer Besichtigung gilt es insbesondere, darauf zu achten, ob Sanierungs- und/oder Modernisierungsmaßnahmen erforderlich werden und wann. Solche Maßnahmen betreffen meist folgende Bereiche:

- Sanitär-, Heizungs- und Elektroinstallationen
- Fassaden bzw. Außenwände
- Fenster, Türen und Treppenhäuser
- Aufzug
- Bodenbelag, Trittschallschutz
- Dränage- bzw. Abdichtungsarbeiten im Keller
- Dachdeckungsarbeiten
- Brand-, Schall- und Wärmeschutz

In all diesen Bereichen sind die Investitionskosten oft relativ hoch. Dies bedeutet jedoch nicht zwangsläufig, dass Sie die Immobilie nicht kaufen sollen. Entspricht das Gebäude und das Grundstück Ihren vorher festgelegten Anforderungen (vgl. Seite 10), sollten Sie sorgfältig Ihre wirtschaftlichen Möglichkeiten und Ihre Wunschvorstellungen abwägen.
Oft lassen sich die notwendigen Investitionskosten auf einen längeren Zeitraum strecken. Wie Sie dabei vorgehen, lesen Sie im Praxisratgeber „Der Instandhaltungsplaner“ aus dem Haufe Verlag.

Sanierung oder grundlegende Modernisierung?

Jedem Käufer einer Altimmobilie stellt sich die Frage, ob sich das Gebäude zu vertretbaren wirtschaftlichen Konditionen an die Anforderungen heutiger Normen und Vorschriften sowie die Vorstellungen und Bedürfnisse modernen Wohnens anpassen lässt: Reicht eine Sanierung oder wollen bzw. müssen Sie grundlegend modernisieren? In diesem Kapitel beschäftigen wir uns mit nötigen und möglichen baulichen Veränderungen, auch in Hinblick auf Ihre finanziellen Möglichkeiten. Die bisher vorgestellten Listen helfen Ihnen zudem, Prioritäten für geplante Maßnahmen festzulegen.

Da für diese Thematik so wichtige Wörter wie baufällig, Sanierung, Kernsanierung, Modernisierung oder Reparatur häufig unterschiedlich verwendet werden, möchte ich versuchen, diese zunächst verständlich zu beschreiben: Worum geht es jeweils? Was ist mit den Begriffen gemeint?

Baufällig

Baufällig sind Gebäude grundsätzlich, wenn sie in ihrer Bausubstanz – dem Zusammenspiel zwischen Baustoffen und Bauteilen – derart marode oder beschädigt sind, dass eine gefährdungsfreie Nutzung (Wohnen, Arbeiten, Lagern) nicht mehr möglich ist, beispielsweise weil Fassadenteile herabstürzen könnten. In diesem Fall ist eine weitreichende Sanierung der Gebäude notwendig.

Sanierung

Sanierung bedeutet im Bauwesen unter anderem die bauliche, haustechnische Wiederherstellung einer Immobilie, um sichtbare und unsichtbare Mängel sachgemäß zu beseitigen. Dazu muss zunächst eine Voruntersuchung durchgeführt und die Schadensursache, das Schadensbild und notwendige Sanierungsmaßnahmen in einem Gutachten dargestellt werden. Mit der Sanierung soll eine Wiederherstellung des statischen und zweckbestimmten Nutzungszustandes gesichert werden.

Gebäudesanierung

Die Gebäudesanierung beinhaltet die durchgreifende Reparatur oder Erneuerung von ganzen Baukonstruktionen, Bauteilen, Gebäudeteilen oder des gesamten Bauwerks. Bei der Sanierung von als Baudenkmäler registrierten Gebäuden ist dabei der Denkmalschutz zu beachten.

Kernsanierung

Eine Kernsanierung ist immer dann fällig, wenn die bauliche Grundsubstanz eines Gebäudes angegriffen scheint. Deshalb werden entsprechende Maßnahmen durchgeführt, um die bauliche Substanz vollständig wiederherzustellen und in einen fast neuwertigen Zustand zu versetzen. Dazu wird ein Gebäude bis auf seine statisch tragenden Strukturen (Fundamente, Wände, Decken, Stützen, aussteifende Konstruktionen usw.) zurückgebaut. Die ursprüngliche Form, Größe und Bauhöhe werden nicht verändert und auch die Geschosshöhe und -zahl beibehalten. Der Gebäudekern wird den heutigen Anforderungen angepasst. Eine solche bauliche Maßnahme bedingt, dass die Hausbewohner umziehen müssen. Bei größeren Objekten kann dies auch geschossweise erfolgen.

Entkernung

Die Kernsanierung wird oft mit der Entkernung eines Gebäudes verwechselt. Bei Letzterer wird der gesamte Baukörper mit Ausnahme der sichtbaren Fassadenfläche abgetragen und dann mit geänderten Grundrissen, Geschosshöhen, haustechnischen Einrichtungen, Installationen, Elektroausrüstungen usw. völlig neu aufgebaut.

Altbausanierung

Mit dem Begriff Altbausanierung wird allgemein die Sanierung eines bestehenden Gebäudes umschrieben. Dabei muss das Gebäude nicht unbedingt im herkömmlichen Sinne „alt“ sein. Die durchgeführten Maßnahmen können sowohl die Gebäudestatik der Baukonstruktion, einzelne Bauteile, die Grundrissgestaltung als auch die äußere Gebäudehülle betreffen. Neben der rein wirtschaftlichen Betrachtung kann eine Altbausanierung auch aus ökologischer Sicht sinnvoll sein, wenn Ressourcen geschont und vorhandene Baustoffe oder Bauelemente genutzt werden können.

Modernisierung

Unter Modernisierung werden im Mietrecht sämtliche baulichen Maßnahmen des Eigentümers und/oder Vermieters einer Immobilie verstanden, die das Ziel haben, den Gebrauchswert der Mietsache nachhaltig zu erhöhen, die allgemeinen Wohnverhältnisse auf Dauer zu verbessern und/oder nachhaltige Einsparungen beim Energie- oder Trinkwasserverbrauch zu bewirken. Alle anderen Maßnahmen und durchzuführenden Arbeiten werden als Instandhaltungs- bzw. Instandsetzungsmaßnahmen verstanden. Die Abgrenzung von „Modernisierung“ und „Instandhaltung“ ist oft ein Streitpunkt zwischen Vermietern und Mietern, da die Kosten der Instandhaltung nicht auf die Mieter umgelegt werden dürfen, die einer Modernisierung dagegen schon.

Reparaturen

Reparaturen sind Maßnahmen, die aus Gründen der allgemeinen Gefahrenabwehr oder bei Nutzungsminderung unmittelbar ausgeführt werden müssen. Man reagiert damit auf kurzfristig und unvorhersehbar eingetretene Zustände.

Welche Maßnahmen sind wirtschaftlich vertretbar?

Jedem Besitzer einer Immobilie stellt sich irgendwann die Frage, ob eine Komplettsanierung noch ausreicht oder eine grundlegende Modernisierung notwendig ist. Möglicherweise müssen Sie auch eine radikalere Variante – Entkernung oder sogar Totalabriss und Neubau – ausführen lassen. Fachleute gehen davon aus, dass rund die Hälfte aller nach dem Krieg wieder aufgebauten Gebäude sanierungsbedürftig ist. Dabei müssen vor allem die heutigen höheren Anforderungen bezüglich der Haustechnik sowie des Feuchte-, Schall- und Wärmeschutzes erfüllt werden. Auch hat sich die Nutzung von Wohnflächen in Größe und Ausstattung grundlegend geändert.

Welche Gewerke sind beteiligt?

Die eigentlichen Arbeiten verteilen sich auf viele Bereiche (Mauerwerks- oder Betonbau, Erdarbeiten, Abdichtungen im Erdreich, Fassadenbau mit Wärmedämmung, Putz und Stuck, Elektro- und Heizungsbau, Fenster und Türen, Treppen, Innenausbau, Trockenbau, Metallbau, Aufzugsbau, Brandschutz usw.) und Berufsgruppen (Zimmerer und Schreiner, Dachdecker, Klempner, Installateure, Fliesenleger, Maler etc.) Die Aufzählung ist nicht komplett, vermittelt Ihnen aber einen Eindruck, wie umfassend die zu treffenden Maßnahmen sein können. Deshalb sollten Sie immer einen Fachmann einschalten und nicht den Versuch unternehmen, ohne die notwendige Fachkenntnis vorzugehen. Denn die vermeintlich preiswerte Ausführung kann sich schnell als wesentlich teurer erweisen, als wenn sie gleich von einem Fachbetrieb übernommen worden wäre.
Mit Hilfe der Checklisten, die Sie auf der beiliegenden CD-ROM finden, können Sie sich schnell einen Überblick über den baulichen Istzustand des Gebäudes verschaffen. Daraus lässt sich sehr einfach ableiten, was angegangen werden muss oder noch aufgeschoben werden kann.

PRAXISBEISPIEL

Wann muss eine Sanierung durchgeführt werden?

Eine Sanierung ist immer dann durchzuführen, wenn gravierende bauliche Schäden am Gebäude vorhanden oder zu erwarten sind. Solche Mängel können beispielsweise die Ablösung größerer Flächen des Fassadenputzes, die Aussandung der Fugen bei Sichtmauerwerk in der Fassade, Roststellen und Absprengungen an Betonwänden oder -decken oder auch herabfallende Fassadenplatten sein. Auch kann aufgrund nachträglich veränderter Deckenbelastungen durch Veränderung des ursprünglichen Grundrisses die statische Tragfähigkeit nicht mehr ausreichend sein.

Die einzuleitenden Sanierungsmaßnahmen sollen den ursprünglich verlässlichen Zustand des Gebäudes wiederherstellen. In der Regel sind diese Maßnahmen mit einem hohen Kostenaufwand verbunden, weil dazu viele bautechnische Arbeiten ausgeführt werden müssen. Sie erzielen damit aber auch eine entsprechende Wertsteigerung Ihrer Immobilie und können nach Abschluss der Arbeiten einen höheren Mietzins verlangen.

Vor Sanierungsbeginn wegen Denkmalschutzauflagen prüfen

Vor Planungsbeginn der Sanierungsmaßnahmen sollten Sie sich allerdings mit dem Denkmalschutzamt in Verbindung setzen und prüfen, ob es Denkmalschutzauflagen gibt. Wurde für das Baugebiet oder das Gebäude Denkmalschutz festgeschrieben und Sie möchten dennoch umfassende Veränderungen am Gebäude vornehmen, bleibt in den meisten Fällen nur eine Entkernung.
Die sichtbaren Fassadenteile werden dabei technisch so abgefangen, dass sie während der Sanierungsmaßnahmen stehen bleiben. Der innere Bereich des Gebäudes wird dagegen komplett abgetragen (entkernt). Anschließend erfolgt ein komplett neuer Innenausbau. Dazu müssen neue Decken und Wände eingezogen, die Treppen bzw. Aufzugsschächte den geänderten Geschossen angepasst und die gesamte Haustechnik (Elektro- und Wasserinstallation, Heizrohre) sowie eine neue, optimierte Zentralheizung eingebaut werden. Angepasst an die Gebäudestruktur werden auch Fenster und Türen. Im umgebenden Gelände werden evtl. (Tief-)Garagen errichtet. Auf diese Weise wird aus einem ungepflegten Altbau eine moderne Immobilie mit hohem Wertzuwachs.
Zu einer Gebäudemodernisierung zählen alle baulichen Maßnahmen, die den Marktwert hinsichtlich einer Vermietung erhöhen:

- Umbau von Bad und Toilette,
- Auswechseln alter Heizkörper,
- Verlegen neuer Bodenbeläge,
- Verbesserung der Wärmedämmung durch Einbau neuer wärmedämmender Fenster und Türen
- sowie durch höhere Dämmung der Fassade und der Dachfläche,
- Umstellung der Zentralheizung auf erneuerbare Energien,
- Veränderung der Wohnungsgrundrisse usw.

Probleme entstehen oft dadurch, dass bei der Modernisierung notwendige Reparaturen mit ausgeführt werden. Denn bauliche Maßnahmen, die den normalen Verschleiß betreffen und deshalb zu einer vorausschauenden Instandhaltungsplanung gehören, sind nicht Bestandteil einer Modernisierung.

Nachhaltigkeit auch bei den Baustoffen

Vernachlässigen Sie bei der Altbaupflege auch niemals den Aspekt der Nachhaltigkeit. Darunter versteht man das energie-, material- und kostensparende Bauen unter ökologischen Gesichtspunkten. Dies bedeutet nicht nur eine generelle Reduzierung des Heizwärmebedarfs und Senkung des CO_2-Ausstoßes. Achten Sie auch auf die Gesamtbilanz der verwendeten Baustoffe:

- Werden die Baustoffe umweltschonend produziert und verarbeitet?
- Sind sie später trennbar, wieder nutzbar, recycelbar oder unbedenklich abbaubar?
- Geht von den eingesetzten Baustoffen und Bauteilen keine gesundheitliche Gefährdung der Bewohner aus?

Die Verwendung solcher Baustoffe kann natürlich etwas teurer werden als die billig am Markt zu bekommender Massenbaustoffe, doch auf lange Sicht ist Nachhaltigkeit immer empfehlenswert.

Nachhaltige Haustechnik

Für die Haustechnik sollten Sie regenerative Energieträger und örtlich vorkommende, möglichst regenerierbare Materialien verwenden, außerdem dezentrale, umweltschonende Ver- und Entsorgungssysteme. Durch wartungsarme, klimagerechte und Energie gewinnende Planungskonzeptionen können Sie den künftigen Bauunterhaltsaufwand senken. Beauftragen Sie ortsnahe Firmen, wirkt sich dies wegen der kurzen Wege bei der Anlieferung der Baumaterialien positiv auf die Umweltbilanz aus.

Grundrissanpassung: Ressourcen sparen, Raum gewinnen

Wohnungskäufer und Mieter legen immer mehr Wert auf energiesparende und umweltschonende Gebäude. Diese Forderungen kann man zum einen mit technischen Maßnahmen erfüllen, zum anderen aber auch durch eine sinnvolle und ressourcenschonende Ausrichtung des Wohnungsgrundrisses.

Lange Leitungen verkürzen und Energie sparen

So waren zum Beispiel in den großbürgerlichen Wohngebäuden der Jahre 1900 bis etwa 1930 die Grundrisse auf eine Großfamilie und deren Bedienstete ausgerichtet. Im Laufe der Jahrzehnte glich man durch Um- und Anbauten den Flächenbedarf an die immer kleiner werdenden Familien an. Dabei wurde die Haustechnik nicht immer an die geänderten Grundrisse angepasst. Beispielsweise mussten oft lange Leitungsstränge von der Toilette oder dem Bad zur Fallleitung des Abwassers geführt werden.

Ungeregelte Lüftung abstellen und Heizkosten senken

Etwa ab den 1950er Jahren wurden besonders im sozialen Wohnungsbau von außen belüftete Abstellräume in die Küchen eingebaut. Diese waren verbindlich vorgeschrieben und sind in vielen Altbauwohnungen noch heute vorhanden. Sie werden aber aufgrund moderner Küchentechnik nicht mehr benötigt und lassen zudem über ihre Außenlüftung viel teure Heizenergie nutzlos verpuffen. Sie in einen geänderten Wohngrundriss einzupassen, bedeutet also nicht nur Flächengewinn, sondern auch eine Minderung des Heizwärmeverlustes.

Wohnraum gewinnen: Verteiler- und Sicherungskästen in den Keller verlegen

Noch immer gibt es Altbauwohnungen, bei denen sich in der Diele Kammern befinden, die die Strom- oder Gaszufuhr sowie alle Verteiler- und Sicherungseinrichtungen enthalten. Diese sind jedoch potenzielle Brandherde und gehören deshalb in einen dafür ausgewiesenen Übergaberaum im Keller. Durch die entsprechende Änderung des Grundrisses wird außerdem Wohnraum gewonnen.

Fensterflächen verkleinern und Heizwärmebedarf mindern

Große Fensterflächen und ungedämmte Rollladenkästen trifft man in alten Geschosswohngebäuden häufig an. Werden im Zuge einer Grundrissanpassung kleinere Fensterflächen mit stark wärmedämmenden Fensterstöcken und Gläsern sowie wärmegedämmten Rollladenkästen eingebaut, lässt sich der Heizwärmebedarf mindern.

Für Hauseigentümer: Mieter müssen bestimmte Maßnahmen dulden

Grundsätzlich sollten Wohngrundrisse nur dann angepasst werden, wenn die Bewohner dauerhaft oder vorübergehend umgezogen sind und die Wohnung freigegeben ist. In Einzelfällen kann aber auch, mit Zustimmung des Wohnungsinhabers, eine raumweise Verbesserung durchgeführt werden. Sie ist jedoch immer mit einer großen Lärm- und Schmutzbelastung verbunden.

Nach § 554 Abs. 2 BGB hat ein Mieter Maßnahmen zur Verbesserung der Mietsache, zur Einsparung von Energie oder Wasser sowie zur Schaffung neuen Wohnraums zu dulden. Sollten die Maßnahmen für den Mieter, seine Familie oder einen Angehörigen seines Haushaltes eine Härte bedeuten, die auch unter Würdigung der berechtigten Interessen des Vermieters und anderer Mieter in dem Gebäude nicht zu rechtfertigen ist, kann der Mieter Einspruch erheben. Ob eine Verbesserung der Mietsache erfolgt, ist objektiv zu bestimmen, und zwar unabhängig von den Auswirkungen auf das bestehende Mietverhältnis.

Klären Sie also, ob Ihre aufzuwendenden Kosten und die zu erwartende Erhöhung der finanziellen Belastung für den Mieter in einem angemessenen Verhältnis stehen.

Was sind Maßnahmen zur Verbesserung der Mietsache?

Im rechtlichen Sinne versteht man unter „Maßnahmen zur Verbesserung der Mietsache“ bauliche Maßnahmen, die den Gebrauchs- und Substanzwert einer Wohnung erhöhen oder die allgemeinen Wohnverhältnisse verbessern. Sie können folgende Bereiche betreffen:

- räumliche Veränderung (Anpassung des Wohngrundrisses)
- Verbesserung der Belichtung und Belüftung (Fenster, Lüftungsanlagen, Abluft)
- Anhebung des vorhandenen Schallschutzes
- Umstellung der Energieversorgung, z.B. von fossilen Brennstoffen auf erneuerbare Energien
- Wasserversorgung und Entwässerung (Trinkwasser, Abwasser)
- Raumheizung und Kochmöglichkeiten
- Funktionsabläufe in der Wohnung (Raumanordnung, Zugang)
- Sicherung gegen Diebstahl, Gewalt, Vandalismus

Eine Verbesserung beschränkt sich jedoch nicht nur auf die Räume allein, sondern umfasst auch bauliche Maßnahmen, die die allgemeinen Wohnverhältnisse verbessern. So gibt es beispielsweise bei vielen Altbauten keine Balkone oder Personenaufzüge. Technisch ist es heute problemlos möglich, nachträglich Balkone anzubauen, ohne in die Baukonstruktion eingreifen zu müssen: Sie werden einfach statisch frei stehend vor der Fassade mit direktem Zugang zur Wohnung errichtet. Allerdings müssen Sie beachten, dass sich dadurch der durch die Bauordnung vorgeschriebene Abstand zum Nachbarhaus ändert. Bei enger Grenzbebauung sollten Sie deshalb vor dem Umbau gemeinsam mit dem zuständigen Bauamt nach einer Lösung suchen. Dasselbe gilt für den nachträglichen Anbau von statisch selbsttragenden Personenaufzügen vor der Fassade.

Bei Heizung und Warmwasser Kosten senken

Bei Altbauten sollen Sie auf jeden Fall eine Umstellung bzw. Verbesserung der vorhandenen Anlage für Heizung und Warmwasser einplanen – falls dies nicht bereits in den letzten Jahren geschehen ist. Denn Heizkessel, die nicht der EnEV 2009 entsprechen – z.B. Gas- oder Ölkessel, die älter als 30 Jahre sind – müssen ausgetauscht werden. Eine moderne Heizungsanlage verbraucht außerdem bis zu 40 Prozent weniger Energie als die Altanlagen. Wegen des hohen Sparpotenzials lohnt es sich also auch dann, wenn die Anlage noch nicht defekt ist, Kessel und Brenner auszutauschen.

Umstellung auf erneuerbare Energien wirtschaftlich vertretbar

Ziehen Sie bei notwendiger Änderung der Heiztechnik auch eine Umstellung auf erneuerbare Energien in Betracht. Denn in absehbarer Zeit werden die Vorkommen an fossilen Brennstoffen erschöpft sein und die Preise extrem steigen. Die technischen Voraussetzungen sind mittlerweile gegeben, sodass sich jeder Altbau problemlos umstellen lässt und Sie sogar die Wahl zwischen verschiedenen Energienarten haben: Ob Holzpellets, Erdwärme, Solarthermie, Biogas oder Kraft-Wärme-Kopplung – für alle gibt es technisch ausgereifte und wirtschaftlich vertretbare Anlagenkonzepte.

PRAXISBEISPIEL

Energieverluste für Erzeugung, Verteilung, Speicherung und Übergabe werden berücksichtigt

In der Energieeinsparverordnung (EnEV) 2009 werden für die Energiebilanz von Gebäuden auch die Energieverluste berücksichtigt, die für die Erzeugung, Verteilung, Speicherung und Übergabe der entsprechenden Energieart anfallen. Um wirtschaftlich ausbeutbare Erdölquellen zu finden, müssen zunächst umfangreiche geologische Untersuchungen und viele Probebohrungen vorgenommen werden. Später erfolgt der Transport des Öls von der Förderplattform zur Raffinerie über kilometerlange Leitungstrassen und mit riesigen Tankschiffen. Dabei muss der Umweltschutz beachtet werden. Probleme gibt es immer wieder durch Tankerunglücke. In der Raffinerie entstehen Verluste durch die Umwandlung, beispielsweise in Heizöl. Verluste gibt es auch beim Weitertransport von der Raffinerie zum Verbraucher und bei der Einlagerung des Heizöls im Gebäude. Die Endenergie des Heizöls ist also geringer als die ursprüngliche Energie plus die Energie, die zur Förderung, zum Transport, zur Lagerung etc. notwendig sind.

Hohe Energieeffizienz bei Holz(pellets)

Der Primärenergiefaktor ist der Quotient aus Primärenergie und Endenergie, also das Verhältnis von eingesetzter Energie zu abgegebener Energie. Die folgende Tabelle führt die Werte einiger Energiearten auf.

Energieart	Primärenergiefaktor
Braunkohle	0,2

Brennholz	0,2
Holzpellets	0,2
Erdöl	1,1
Erdgas	1,1
Strom	2,7

Wie Sie sehen, ist der Energieverlust bei Strom am größten – ein wesentlicher Grund, warum in der EnEV 2009 die Forderung nach Stilllegung von Elektrospeicheröfen enthalten ist. Im Gegensatz dazu ist die Energieeffizienz bei Holz(pellets) sehr groß. Die Primärenergiefaktoren müssen bei der Berechnung gemäß Energieeinsparverordnung zur Bestimmung der energetischen Qualität der Heizungsanlage berücksichtigt werden.

Moderne Heizkessel

Heizkessel werden oft noch zum Verbrennen fossiler Brennstoffe wie Erdgas oder -öl genutzt. Fortschrittlicher sind dagegen die Hausbesitzer, die schon auf Holz oder Holzpellets umgestellt haben. Rein energetisch betrachtet sind diese Heizsysteme recht günstig. Doch auch mit der Wahl eines modernen Heizkessels können Sie bereits gute energetische Werte erzielen, auch wenn Sie noch fossile Brennstoffe nutzen.

Niedertemperaturkessel

Bei Niedertemperaturkesseln wird die Kesseltemperatur nicht wie bei konstant betriebenen Altkesseln ständig auf 70 bis 90 Grad Celsius gehalten, sondern der Außentemperatur angepasst. Eine elektronische Regeleinrichtung sorgt dafür, dass das Kesselwasser jeweils nur soweit aufgeheizt wird, bis die gewünschten Raumtemperaturen erreicht sind. Die Kesseltemperatur ist also an kalten Tagen höher als an warmen.
Werden alte Kessel mit Konstanttemperaturen ausgewechselt gegen Niedertemperaturkessel, müssen sowohl die Rauchgasabführung als auch der vorhandene Schornsteinzug auf Eignung geprüft werden. Besonders im Altbau, wo es noch vielfach gemauerte Kamine gibt, kann es durch die niedrigen Abgastemperaturen der Niedertemperaturkessel zur Kondensatbildung im Schornsteinzug und am Kaminkopf kommen, was zur sogenannten „Versottung“ (Bildung dunkler Flecken auf der Außenfläche des Schornsteins) führt. Insbeson-

dere bei alten gemauerten Schornsteinzügen werden deshalb Rauchrohre aus Metall, Glas oder keramischen Baustoffen mit einem schwächeren Querschnitt nachträglich eingezogen. Solche Umrüstungen werden meist vom Kaminkopf bzw. Dach aus durchgeführt. Die einzelnen Wohnungen werden dabei nicht berührt. Allerdings kann es vorkommen, dass ein alter Schornstein nicht mehr genutzt werden kann und ein neuer gebaut werden muss. Für solche Fälle gibt es verschiedene Systeme aus Metall oder keramischen Baustoffen, die auch außen vor der Fassade angebracht werden können.

Brennwertkessel

Beim Brennwertkessel wird der Wirkungsgrad der Heizung wesentlich mehr erhöht. Hier wird aus dem Kondensat der Abgase zusätzlich die darin enthaltene Restwärme genutzt. Bei Gasbrennern ergeben sich damit beispielsweise energetische Einsparungen von rund zehn bis zwölf Prozent, da im Gas relativ viel Wasser enthalten ist. Bei Heizöl liegt das Sparpotenzial etwas niedriger – bei etwa vier bis fünf Prozent.

Warmwasserbereitung: Hohe Einsparpotenziale

Generell wird im Wohnungsbau für die Warmwasserbereitung der größte Anteil der Energiegesamtmenge verbraucht.
In einem energetisch nicht angepassten Bestandsgebäude mit Baujahr um 1985 beispielsweise liegt der benötigte Energieanteil für die Warmwasserbereitung zwischen 15 und 25 Prozent. Wird bei diesem Gebäude die Energieeffizienz z.B. durch eine Verbesserung der Gebäudehülle erhöht, kann der Anteil auf bis zu 60 Prozent steigen.
Da Warmwasser, im Gegensatz zur Raumheizung, das gesamte Jahr über zur Verfügung stehen muss, werden die energetischen Einsparpotenziale hier immer größer und wichtiger.

Nutzerverhalten

Das Nutzerverhalten hinsichtlich der verbrauchten Wassermenge hat selbstverständlich einen unmittelbaren Einfluss auf den Energieverbrauch. Wollen Sie also Energie sparen, sollten Sie auch sparsam mit Warmwasser umgehen. Dazu können Sie z.B. alle Warmwasserzapfstellen wie Duschköpfe mit wassersparenden Minderungseinsätzen ausrüsten.

Solarthermieanlagen können Kosten bis zu 50 Prozent senken

Erfolgt die zentrale Warmwasserbereitung auch über den vorhandenen Heizkessel, ergibt sich eine gute Energieeffizienz. Zwar sind die oft gepriesenen dezentralen Anlagen im Sanierungsfall sicher eine gute Lösung, doch hinsichtlich des Energieaufwands nicht empfehlenswert. Nutzen Sie dagegen erneuerbare Energien, beispielsweise eine Solarthermieanlage, können Sie die Kosten für die Warmwassererzeugung um bis zu 50 Prozent senken.

Steuerungsanlagen für Zirkulationsleitungen

Besonders bei Großwohnanlagen und Mehrgeschosshäusern mit zentraler Warmwasserversorgung sind die Leitungstrassen sehr weitläufig. Abhilfe schaffen Zirkulationsleitungen, jedoch verbrauchen sie mit ihren notwendigerweise dauernd laufenden Pumpen viel Strom und damit viel Energie. Zudem muss das in den Leitungen zirkulierende Wasser immer wieder neu erwärmt werden. Häufig kommt es jedoch vor, dass über längere Zeiträume kein Warmwasser benötigt wird. Deshalb lohnt es sich, mit einem Steuerungssystem die Pumpen vorübergehend abzuschalten und erst bei Wasserverbrauch anfahren zu lassen. So sparen Sie einen Teil der Stromkosten.

Rohr-an-Rohr-System und Isolierung sparen Energie

Energiesparend ist auch das sogenannte „Rohr-an-Rohr-System“. Dabei werden sowohl die Warmwasser- als auch die Zirkulationsleitungen für die Gebäudeheizung nebeneinander verlegt und gemeinsam in einer doppelten Isolierschale geführt. Das spart nicht nur Platz, sondern reduziert auch die Wärmeverluste um bis zu 18 Prozent.

EXPERTENTIPP

Mit speziellen Dämmstoffschalen Leitungen isolieren

Doch selbst wenn die Leitungen nebeneinander verlegt sind, wie es in Bestandsgebäuden oft der Fall ist, lässt sich durch eine dickere Isolierung der Leitungen mit geeigneten Wärmedämmstoffen sehr viel Energie sparen. Dazu gibt es spezielle, vorgeformte Dämmstoffschalen, mit denen sich die Energieeffizienz der Warmwasserbereitung wesentlich verbessern lässt. Eine Isolierung der Leitungen wird übrigens auch durch die EnEV gefordert.

ENERGIECHECK: Ist eine energetische Sanierung des Gebäudes nötig?

Um möglichst wenig Energie zu verbrauchen, ist neben dem bestmöglichen Schutz vor Wärmeverlusten die Größe der Heizanlage entscheidend. Diese muss immer optimal auf den genauen Bedarf des gesamten Gebäudes ausgerichtet sein. Zur überschlägigen Bedarfsabschätzung können Sie die nachfolgende Berechnung einsetzen. Bitte beachten Sie, dass es sich dabei um eine „Faustformel" handelt. Für eine exakte Berechnung müssen Sie immer einen Heizungsfachmann beauftragen.

So berechnen Sie die Energiekennzahl

Um die Höhe des Heizenergieverbrauchs und die Kennzahl für die verbrauchte Endenergie (EKZBrenn) zu ermitteln, gehen Sie bei Bestandsgebäuden vom mittleren Energieverbrauch der letzten drei Jahre aus.

1. Schritt: Berechnen Sie zunächst den Gesamtenergieverbrauch

Wie viel Heizöl (in Litern) bzw. Gas (in Kubikmetern) wurde durchschnittlich pro Jahr benötigt?
Da ein Kubikmeter Gas bzw. ein Liter Heizöl ungefähr 10 kWh Heizleistung entspricht, multiplizieren Sie nun den Jahresverbrauch an Öl bzw. Gas mit zehn und erhalten den Gesamtenergieverbrauch pro Jahr in kWh.

Verbrauch Gas bzw. Heizöl x 10 ≈ Gesamtenergieverbrauch

2. Schritt: Errechnen Sie dann die benötigte Energiemenge für die Warmwasserbereitung (ebenfalls in kWh).

Dazu multiplizieren Sie die Anzahl der Personen pro Haushalt mit 1.000. Zur Vereinfachung können Sie bei Großwohngebäuden drei Personen pro Haushalt annehmen.

3 Personen x Anzahl der Haushalte x 1.000 ≈ Energieverbrauch Warmwasser

3. Schritt: Berechnen Sie nun den Heizenergieverbrauch

Dazu ziehen Sie nun den Wert für die Warmwasserbereitung von der ermittelten Gesamtenergiemenge ab und Sie erhalten Ihren Heizenergieverbrauch (in kWh).

Gesamtenergieverbrauch – Energieverbrauch Warmwasser ≈ Heizenergieverbrauch

4. Schritt: Berechnen Sie die Energiekennzahl

Schließlich teilen Sie den Heizenergieverbrauch durch die zu beheizende Gesamtwohnfläche, also die Summe der Bodenflächen aller zu beheizenden Räume (in Quadratmetern). So erhalten Sie die Energiekennzahl.

Heizenergieverbrauch/Gesamtwohnfläche ≈ Energiekennzahl

Was sagt Ihnen das Ergebnis?

Bei Bestandsgebäuden sollte dieser Wert nicht mehr als 120 kWh/qm betragen. Anderenfalls sollten Sie dringend eine energetische Sanierung vornehmen. Je niedriger die Zahl ist, desto geringer ist der Energieverbrauch und desto mehr Fördergelder für eine Modernisierung der Heizanlage können Sie in Anspruch nehmen.

ENERGIECHECK: So ermitteln Sie die Heizkesselgröße

Teilen Sie hierfür den Gesamtenergieverbrauch durch die geplante oder vorhandene Kesselleistung. Diese lassen Sie sich von Ihrem Heizungsbauer nennen oder lesen sie vom Typenschild des Heizkessels ab. Die ermittelte Zahl ist die Anzahl der Volllaststunden Ihres Heizkessels. Dies ist zwar nur ein theoretischer Wert, der aber eine Abschätzung zulässt, ob Sie einen kleineren Kessel mit geringerem Energieverbrauch einsetzen sollten.
Wird auch Ihr Warmwasser über den Heizkessel erhitzt, sollten die angenommenen Volllaststunden mehr als 1.600 betragen. Bei dezentraler Warmwasseraufbereitung sollten Sie mindestens 1.400 Stunden pro Jahr ansetzen. Ihr Heizkessel ist zu groß, wenn die errechnete Anzahl der Volllaststunden deutlich unter diesen Werten liegt. In diesem Fall sollten Sie Ihre Heizung an den wirklichen Bedarf des Gebäudes anpassen und einen kleineren Kessel mit besserer Energienutzung einbauen lassen.

Deckenkonstruktionen prüfen, reparieren und sanieren

In Altgebäuden findet man oft Holzbalkendecken und Systemdecken aus Stahl- oder Betonträgern mit Einschubhohlkörpern aus Beton oder Ziegeln vor. Diese Deckenkonstruktionen entsprechen meist nicht mehr den modernen Anforderungen hinsichtlich des Schallschutzes und der statischen Tragfähigkeit. Moderne Wohnungseinrichtungen haben beispielsweise ein höheres Flächengewicht als frühere und auch die Belastung durch hohe Drehzahlen von Waschmaschinen wurde ursprünglich nicht eingerechnet. Altbaudecken sind solchen Beanspruchungen manchmal nicht gewachsen. Ziehen Sie deshalb immer einen Statiker zur Beratung heran, der die Deckenkonstruktion und Tragfähigkeit prüft.

Holzbalkendecken

Bei Holzbalkendecken ist das tragende Element die Balkenlage aus Holz – meist in Form gesägter oder behauener massiver Deckenbalken. Diese liegen auf den statisch tragenden Außen- und Innenwänden auf, manchmal auch auf sogenannten „Kragsteinen“, die aus der Wand nach innen ragen.
Der Balkenabstand (die Balkenlage) ist unterschiedlich – in Abhängigkeit von der Traglast, der Balkenabmessung, konstruktiven Erfordernissen (z.B. Auswechslung im Bereich des Schornsteinzuges und der Treppenöffnungen) und der angestrebten freien Spannweite. In der Regel beträgt der Abstand zwischen 0,50 und 1,25 Meter.
Die Balkenabmessung wird aus der tragenden Belastung und der freien Spannweite errechnet. Der Zwischenraum zwischen den Balken wird als Füllung bezeichnet. Bei einer Füllungsdecke sind die Balken sichtbar. Dagegen hat die geschlossene Decke an der Balkenunterseite eine Holzverkleidung (Holzvertäfelung).
Nachteile alter Holzbalkendecken sind ihre geringe Schall- und Wärmedämmung, geringer Brandschutz und geringe statische Belastbarkeit. Außerdem neigen sie stark zu Schwingungen und können von Pilzen (Hausschwamm) und Insekten (Hausbock) befallen werden.

EXPERTENTIPP

Holzbalkendecken regelmäßig überprüfen

Da Holzbalkendecken einem natürlichen Alterungsprozess unterliegen, sollten Sie sie regelmäßig auf Schädlinge und Pilzbefall untersuchen, aber auch ihre Tragfähigkeit (Statik) überprüfen (lassen).

Hourdisdecke

Diese Deckenkonstruktion besteht aus Ziegelelementen (Hourdis), die zwischen Trägern aus Stahl (Doppel-T-Träger), Holz oder Stahlbeton eingelegt bzw. eingehängt werden. Je nach Konstruktion wird für die raumseitig begehbare Fläche eine Ortbetonschicht mit einer Stärke von bis zu fünf Zentimetern ge-

gossen. Nach Austrocknung folgt darauf eine Dämmmatte aus Mineralwolle- oder Polystyrolplatten als Schall- und Wärmeschutz. Abschließend wird in der Regel ein Zementestrich aufgebracht und ein entsprechender Bodenbelag.
Ein Vorteil der Hourdisdecke ist, dass die Bauelemente einzeln montiert und ohne zusätzliche Hilfsmittel schnell ohne Deckenschalung verlegt werden können. Unterseitig sind sie entweder nicht (Kellerdecke) oder mit einem normalen Deckenputz verputzt.

Flachdecke

Diese Deckenkonstruktion wird auch als unterzuglose Decke bezeichnet. Die Deckenplatte trägt ihre Lasten nicht mit Hilfe von Unterzügen, sondern ist punktförmig durch Stützen und Wände gesichert. Flachdecken haben eine geringere Konstruktionshöhe als Trägerdecken, eine glatte Deckenuntersicht und erlauben mehr Flexibilität bei der Raumaufteilung. Allerdings haben sie ein relativ hohes Deckengewicht, eine größere Verformungsempfindlichkeit und eine zweiachsige Lastabtragung.

Schall- und Wärmedämmung notwendig

Betondecken leiten Schall und Wärme relativ gut weiter. Deshalb müssen sie entsprechend gedämmt werden.

- Dazu wird üblicherweise eine Trittschalldämmung mit entsprechend ausgewiesenen Matten auf die Betondecke aufgebracht.
- Diese muss unbedingt an den Wandseiten durch Schallschutzstreifen ergänzt werden, da sonst eine Schallübertragung von der Decke in die Wandfläche und umgekehrt stattfindet, was zu einer Hellhörigkeit des Gebäudes führt.

Kältebrücken: Kragplatten müssen „eingepackt“ werden

Problemzonen dieser Decken sind auskragende Deckenplatten, z.B. von Balkonen, die bei Altbauten sehr oft nicht von der Raumdeckenplatte getrennt sind. So entsteht eine Kältebrücke. Abhilfe schafft nur eine komplette Abtrennung von der Deckenplatte, was nachträglich oft nicht möglich ist, oder das „Einpacken“ der Kragplatte mit Wärmedämmstoffen sowohl unter als auch über der Platte. Dabei muss die Wärmedämmung auch an den Anschlüssen zur Wand weitergeführt werden.
Bei allen Bestandsgebäuden sollte grundsätzlich in regelmäßigen Abständen die auskragende Deckenplatte auf ihre noch vorhandene Tragfähigkeit (Statik) überprüft werden. Denn die Qualität des alten Betons und der Stahleinlagen

entspricht nicht heutigen Standards. Zudem unterliegt jeder Baustoff einem natürlichen Alterungsprozess.

Deckengewölbe

Auf gewölbte Decken trifft man häufig bei Gebäuden bis etwa Baujahr 1940 im Untergeschoss bzw. Keller. Die Steindecken des Raumes sind dabei (bogenförmig) gekrümmt. Die häufigsten Gewölbeformen sind das Tonnen- und das Kreuzgewölbe. Es gibt aber auch das Kreuzrippen-, Stern-, Netz-, Fächer-, Kloster-, Mulden- und Spiegelgewölbe. Eine Sonderform ist die Kuppel.
Die verarbeiteten Baumaterialien unterliegen einem natürlichen Alterungsprozess. Besonders in feuchten Räumen kann es sowohl zu Ausblühungen als auch zur Zersetzung von Stein und Mörtel kommen. Die regelmäßige Sichtprüfung ist deshalb unumgänglich. Zerstörte bzw. bröckelnde Steine müssen ausgewechselt und offene Mörtelfugen geschlossen werden. Da heute kaum ein Handwerker mehr die Technik der Gewölbeherstellung beherrscht, müssen Sie meist einen Spezialisten beauftragen, was recht teuer werden kann.

Dachgeschoss: Durch Ausbau Raum gewinnen

Noch heute findet man in vielen Bestandsgebäuden nicht ausgebaute Dachgeschosse, die als Abstell- oder Wäschetrockenraum genutzt werden. Diese können Sie relativ wirtschaftlich zu vollwertigen Wohnungen aus- bzw. umbauen. Beachten Sie dabei aber, dass entsprechend der LBO die geforderte Deckenhöhe erreicht wird. Ist das Dachgeschoss bereits ausgebaut, sollten Sie überprüfen, ob es den heute geltenden Normen, Vorschriften und Gesetzen entspricht. Beachten Sie vor allem die Anforderungen des Brand-, Schall- und Wärmeschutzes.
Da die meisten Dachgeschosse eine Holzkonstruktion als Dachtragwerk haben, müssen das Gebälk und die Decke regelmäßig auf Schädlings- und Pilzbefall überprüft werden. Hinzu kommt, dass bei Altdächern manchmal Feuchtigkeit durch Regen- oder Schneeeintrieb an das Gebälk gelangt und dieses stellenweise durchfeuchtet. Dann kann im Laufe der Zeit eine Zerstörung durch Fäulnis eintreten und damit die statische Tragfähigkeit gemindert werden.
Die früher übliche offene Bauweise von Dachgeschossen erlaubt einen ungehinderten Wind- und Wettereinfluss. Solche Dächer sind zwar wegen der ständigen Durchlüftung und dem Vorkommen von Fledermäusen weniger anfällig gegen Pilz- und Insektenbefall, entsprechen aber nicht mehr den heutigen Anforderungen des Wärmeschutzes. Bei Einfamilienhäusern gehen durch solche Dächer rund dreißig Prozent der Heizenergie verloren. Deshalb müssen sie

entsprechend der EnEV 2009 umgebaut werden, sodass die Bestimmungen hinsichtlich Luftdichtheit und Wärmedämmung erfüllt sind.

EXPERTENTIPP

Überprüfen Sie Dachflächen jährlich

Bei Bestandsgebäuden müssen Sie generell die gesamte Dachfläche überprüfen, und zwar nicht nur einmalig, sondern mindestens einmal jährlich. Dabei werden zunächst außenseitig die Dachbaustoffe auf Frostabplatzungen, Absprengungen, Durchfeuchtungen, Ausblühungen, Verfärbungen und lose bzw. verschobene Pfannen untersucht. Überprüft werden auch alle Regenrinnen und Regenfallrohre sowie die über Dach mündenden Lüftungsrohre, Schornsteinköpfe und deren Abdeckungen. Die Anschlüsse der Dachflächenfenster sowie die für den Schornsteinfeger vorgesehenen Ausstiege, Leitern, Dachtritte und Dachroste überprüft man auf Rost und Festigkeit. Blitzschutzanlagen und Schneefanggitter oder -balken müssen Sie ebenfalls kontrollieren (lassen).

Vom Innern aus begutachten Sie die Luftdichtheit des gesamten Dachraumes. Dabei prüfen Sie die Klebebänder an den Anschlussbereichen auf Beschädigung oder Ablösung. Dies kann durch ein etwas aufwändigeres Verfahren, den Blower-Door-Test, erfolgen. Dabei wird der gesamte Dachraum unter Überdruck gesetzt und der Druckabfall gemessen oder mittels Rauchpatronen werden undichte Stellen sichtbar gemacht. Bei fehlender Luftdichtheit müssen Sie entweder nachbessern oder komplett sanieren.

Dachfenster lassen bis zu dreimal mehr Licht in den Raum

Als Dachfenster werden alle Fenster bezeichnet, die auf dem Dach möglich sind. Diese kann man öffnen (als Ausstieg für den Schornsteinfeger, zur Dachinspektion usw.) oder dauerhaft verschlossen halten (Lichtöffnungen). Sie können sich aus dem Dach herausheben (wie z.B. Dachgauben, Erker, Kuppelfenster, Lichtkuppeln) oder in der Dachebene verbleiben (Wohndachfenster, Oberlichter etc.).

Ihr besonderer Vorteil ist, dass sie eine bis zu dreimal höhere Lichtausbeute erlauben als vergleichbare senkrechte Fensterflächen. Dachfenster lassen sich neben- und übereinander anordnen, als Kassettenfenster oder Lichtkuppeln. Je höher sich ein Fenster im Raum befindet, desto heller wird dieser ausgeleuchtet. Überfirstverglasungen bieten zudem einen grandiosen Blick in den Himmel.

Unter 90 cm Einbauhöhe ist fest Verglasung vorgeschrieben

Beachten Sie beim Einbau von Wohndachfenstern, dass bei einer Einbauhöhe von 0,9 Metern und weniger eine feste Verglasung (z.B. mit Sicherheitsglas) vorgeschrieben ist. Die obere Kante des Dachfensters sollten Sie auf 2 Metern Höhe einbauen. Das trifft besonders auf Dachflächenfenster zu, die über einen oben am Fenster angebrachten Griff geöffnet bzw. geschlossen werden. Dagegen können Fenster, deren Griff sich im unteren Fensterbereich befindet, auch höher als 2 Meter eingebaut werden. Bei dieser Konstruktion lassen sich auch lange Fenster benutzerfreundlich bedienen.
Die Länge eines Dachfensters sollten Sie in Abhängigkeit von der Dachneigung festlegen. Steile Dächer erfordern kürzere Fenster, Dächer mit geringer Neigung dagegen längere. Wegen der höheren Lichtausbeute bauen Sie möglichst große Fenster ein. Wählen Sie die Fensterkonstruktion am besten so, dass sowohl hochgewachsene als auch kleinere Menschen diese gut bedienen können.
Dachfenster werden meist zwischen den Dachsparren angeordnet. Sonderlösungen sind aufgesetzte Laternenfenster oder hereingezogene Dachbalkone. Weiterhin gibt es Kipp-, Dreh-, Schiebe- und Ausstellfenster.

Wärmegedämmte Dachflächenfenster einsetzen

Dachflächenfenster sollten schall- und wärmegedämmt sein und müssen den Anforderungen der Bauregelliste entsprechen. Aufgrund der witterungsbedingt höheren Anforderungen müssen sie außerdem Schlagregensicherheit gewährleisten. Bei zweistufigen Systemen sind die Regen- und Windsperre räumlich getrennt angeordnet. Je größer diese Trennung ist, desto mehr Schlagregensicherheit ist gegeben. Die zweistufige Abdichtung muss auch den Druckausgleich zwischen Außenluft und Falzraum sowie die kontrollierte Wasserabführung sichern. Bei unsachgemäßem Einbau kann Regen eindringen, z.B. wenn Dichtungen nicht richtig anliegen oder Verschraubungen von Abdeck- und Glasprofilen undicht sind.

EXPERTENTIPP

Wärmegedämmte Blendrahmen der Dachfenster

Wichtig ist auch, dass der Blendrahmen des Fensters fachgerecht wärmegedämmt ist bzw. ausreichend Raum für eine den Rahmen umlaufende Wärmedämmung vorhanden ist. Die Dämmung sollte fugenlos an die Dachdämmung anschließen. Dampfbremsen müssen bis zur inneren Verkleidung geführt werden. Aber auch die Verglasung sollte eine bestimmte Wärmedämmung sichern. Wählen Sie am besten Mehrscheiben-Isolierglas mit einer Infrarotlicht reflektierenden Beschichtung, die zusätzlich UV-Schutz bietet.

Kondenswasserbildung vermeiden

An den Rändern der Scheiben ist die Oberflächentemperatur zwangsläufig geringer als in der Scheibenmitte. Deshalb bildet sich hier meist Kondenswasser. Um dies zu vermeiden, sollten Sie die Heizkörper im Fensterbereich sachgemäß anordnen – also so, dass warme Luft an der Fensterscheibe zirkulieren kann. Halten Sie aber auch Ihre Mieter zu ausreichendem Lüften der Dachwohnung an.

Belüftung durch integrierte Fensterlüfter

Eine wichtige Grundlage des Wohnens ist der Austausch von Luft zwischen Innen- und Außenraum. Ziel einer guten Wohnraumbelüftung ist es, das aus der menschlichen Atmung stammende Kohlenstoffoxid, aus Möbeln austretende Schadstoffe, sonstige Gase und Aerosole sowie überschüssige Luftfeuchtigkeit nach außen zu leiten und Sauerstoff in den Raum zu führen. Dazu gehört nicht nur ein angepasstes Lüftungsverhalten der Bewohner. Auch fachgerecht angeordnete und ausgeführte Öffnungen und Fenster im Dach helfen mit, ein angenehmes Wohnklima zu schaffen. Moderne Dachflächenfenster sind so ausgerüstet, dass eine kontinuierliche Raumlüftung ohne große Temperaturverluste gewährleistet wird.
Die kontrollierte Lüftung gewinnt immer mehr an Bedeutung, da wegen der laufend erhöhten energetischen Anforderungen an die Gebäudehülle auch Fenster immer dichter ausgeführt werden. Deshalb ist auch bei Dachflächenfenstern eine konkrete Lüftungsplanung wichtig. Empfehlenswert sind dezentrale, ins Fenster integrierte Lüftungssysteme, sogenannte „Fensterlüfter“, die eine nutzerunabhängige Lüftung sicherstellen.

Sorgen Sie für ausreichend Tageslicht

Die fachgerechte Anordnung sowie die Anzahl der Wohndachfenster und Gauben sind entscheidend für die sachgemäße Ausleuchtung der Wohnräume mit Tageslicht. In Abhängigkeit von der Grundfläche eines Raumes sowie dem gewünschten Wohnkomfort können Sie die Gesamtgröße der verglasten Öffnungsflächen ermitteln.

Mindestflächen von 10 bis 12,5 Prozent gefordert

In den meisten Landesbauordnungen wird eine Mindestlichtfläche von 10 bis 12,5 Prozent der Grundfläche gefordert. Diese Mindestwerte entsprechen meist dem heute in Gebäuden vorhandenen Standard.
Beachten Sie aber auch die DIN 5034 „Tageslicht in Innenräumen“: Die Summe der Breiten aller vorhandenen Fenster in einem Wohnraum sollte mindestens 55 Prozent der Breite des Raumes entsprechen. Das heißt, je größer der Raum ist, desto größer sollte die gesamte Lichtfläche sein. Dadurch gibt es auch bessere Lüftungsmöglichkeiten.
Allerdings gibt es keine Vorschriften oder Normen, die eine Größe der Dachflächenfenster vorschreiben. Die Fensterbreite muss nicht unbedingt der Sparrenbreite entsprechen, bautechnisch ist es jedoch vorteilhaft, da sonst notwendige Wechsel- und Hilfssparren entfallen. Normalerweise beträgt die Fensterbreite maximal zwei Sparrenabstände, also rund 1,3 Meter, und die Höhe bis zu 1,6 Meter. Die kleinsten Abmessungen liegen bei rund 0,5 Metern Breite und 0,8 Metern Höhe – dies ist der sogenannte „Arbeitsausstieg“ in die Dachfläche, z.B. für Schornsteinfeger.

Sonnschutz durch Außen- oder Innenjalousien

Da Wohndachfenster meist dem Neigungswinkel der Dachfläche folgen, sollten Sie auch auf einen ausreichenden Sonnenschutz durch Außen- oder Innenjalousien bzw. Stoffmarkisen achten. Sind die Fenster im Raum hoch angeordnet, müssen diese evtl. mechanisch bedient werden. Bei Dachgauben, deren Lichtfläche senkrecht ist, können Sie dagegen außen Markisen, Klapp- oder Rollladen anbringen. Dies gilt ebenfalls für Dachbalkone.

Was Sie bei Überfirstverglasungen beachten sollten

Bei der Überfirstverglasung handelt es sich um eine relativ neue, besondere Architekturvariante für Dachwohnungen. Dabei werden auf einer oder beiden Seiten des Steildaches Fenster angeordnet, die bis in den Firstbereich verlaufen. So erhalten Sie einen beeindruckenden Blick in den Himmel, müssen aber auch verstärkt auf Sonnenschutz achten. Besonders bei einer Ausrichtung nach Süden oder Südwesten sowie bei flacher Dachneigung ist dieser unverzichtbar. Hersteller empfehlen, für die Dachfirstverglasung elektrisch betriebene Dachwohnfenster mit Fernbedienung zu verwenden. Auch sollten Sie wegen der hohen Witterungsbelastung und der Windsogkräfte eine Sicherheitsverglasung verwenden.

Schadstoffe erkennen und entsorgen

In Bestandsgebäuden gibt es häufig noch gefährliche Stoffe, die einzelne Räume oder das gesamte Gebäude belasten und laut Schadstoffverordnung als „gesundheitsgefährdend" eingestuft werden. Bekannte Raumluftschadstoffe sind:

- Asbest
- flüchtige organische Verbindungen (VOC)
- polychlorierte Biphenyle (PCB)
- Holzschutzmittel (z.B. Pentachlorphenol sowie die Derivate PCP und TCP)
- polycyklische aromatische Kohlenwasserstoffe (PAK)
- künstliche Mineralfasern (KMF)
- Isocyanate
- staubgebundene Allergene von Pflanzen, Tieren und Pilzen
- Flammschutzmittel
- Weichmacher
- Kunststoffmonomere und ähnliche Stoffe

Fachinstitut für Schadstoffermittlung bzw. -sanierung beauftragen

Viele dieser Innenraumschadstoffe können bei dauerhaftem Kontakt zu erheblichen chronischen Erkrankungen führen, Krebs erzeugen, das Erbgut verändern oder die Fruchtbarkeit gefährden. Beauftragen Sie deshalb selbst bei dem geringsten Verdacht ein anerkanntes Fachinstitut für Schadstoffermittlung bzw. -sanierung.

Dieses wird sich auch um die Entsorgung der Schadstoffe kümmern, da bei unsachgemäßer Handhabung oder Anwendung die Umwelt oder Personen gefährdet werden können. Deshalb ist die Abfallentsorgung durch zahlreiche nationale und internationale Gesetze und Verordnungen geregelt, wie beispielsweise die Abfallverbringungsverordnung, das Kreislaufwirtschafts- und Abfallgesetz oder die Nachweisverordnung.

Was recycelt werden kann

Während Schadstoffe bzw. belastete Bauteile beseitigt werden müssen, also unter Einhaltung vorgeschriebener Grenzwerte an die Umwelt abgegeben oder in ein ausgewiesenes Endlager bzw. eine Sondermülldeponie überführt werden, kann unbelasteter Bauschutt recycelt und als Füllmaterial wiederverwendet werden. Auch alte Aluminiumbleche, Kunststoffrohre und Glas können Sie recyceln und erneut verwenden. Aus Altglas lässt sich beispielsweise Schaumglas herstellen, ein ausgezeichneter Schüttdämmstoff.

Auflagen des Denkmalschutzes beachten

Auf die Anforderungen des Denkmalschutzes wurde bereits an anderer Stelle eingegangen. Wichtigstes Anliegen ist es, das Gebäude in seinem ursprünglichen Zustand zu erhalten. Die sich daraus ergebenden baupraktischen Auswirkungen können sehr umfangreich sein.

Ist die Gesamtsubstanz des Gebäudes noch in Ordnung, müssen nur regelmäßig einfache Pflegearbeiten vorgenommen werden, beispielsweise die sachgemäße Säuberung der Fassade und ihrer Bauteile. Oft genügt dazu ein einfaches Abfegen mit einem Besen.

Bei starker Verschmutzung sollten Sie eine gründliche Reinigung mit einem speziellen Wasserstrahlverfahren vornehmen lassen. Verzichten Sie jedoch auf den Einsatz einfacher Heißwasserstrahlgeräte, noch dazu mit einem chemischen Zusatz, denn dies ist bei denkmalgeschützten Fassaden höchst problematisch: Durch den Wasserdruck und das heiße Wasser wird die Farbschicht des Anstrichs oder die Oberfläche von Altputzen beschädigt. Dadurch kann sich Schmutz auf der gereinigten Oberfläche schneller ablagern, wodurch wiederum Moose und Flechten wachsen und sich ein grünlicher Film bildet.

EXPERTENTIPP

Anstriche nur mit Originalfarbmaterial ausbessern

Müssen vorhandene Anstriche ausgebessert werden, darf immer nur das Originalfarbmaterial verwendet werden. Lassen Sie deshalb vorher von einem Fachmann prüfen, um welches Material es sich handelt.

Generell müssen wertvolle Fassaden oder Fassadenbilder im Denkmalschutz erhalten bleiben. Das ist mit verschiedenen technischen Verfahren möglich, doch auch hier kann nur ein Fachmann entscheiden, welche Maßnahmen durchführbar und wirtschaftlich sind. Lassen Sie sich in solchen Fällen von der ausführenden Firma oder vom Materialhersteller immer eine schriftliche Garantie zur Verträglichkeit und Ausführung geben.
Dies sind nur einige Beispiele. Die Denkmalschutzbestimmungen sind umfangreich und müssen von Ihnen als Immobilienbesitzer unbedingt beachtet und eingehalten werden. Ansonsten kann die zuständige Behörde rechtliche Schritte gegen Sie einleiten.

Bauteile und Baustoffe

Wer für ein Gebäude langfristig die Kosten für Heizung und Warmwasser reduzieren möchte, sollte das Gesamtgebäude so umbauen, dass der Wärmeverlust über Außenwand, Dach und Keller so niedrig wie möglich gehalten wird.

Was beim Neubau von Anfang an in die Planung einfließt, muss bei Bestandsgebäuden nachträglich verbessert werden. Dabei sind bautechnisch nur solche Maßnahmen empfehlenswert, die den vorhandenen Gebäudebestand nicht gefährden. Außerdem sollten die Kosten wirtschaftlich vertretbar sein.

Altbau-Fassaden energetisch sinnvoll dämmen

Erhält ein Altbau nachträglich eine wärmedämmende Fassadenkonstruktion, verändert sich dadurch auch die Wanddicke insgesamt. Dies führt sehr oft zu Problemen, denn der bisherige Grenzabstand zum Nachbargebäude wird aufgrund der dickeren Wand und der dadurch veränderten Baukörperabmessung geringer (vgl. Seite 34).

Vor Baubeginn prüfen: Die Abstandsflächen

Deshalb müssen Sie vor Baubeginn unbedingt die Abstandfläche überprüfen. Im Zweifelsfall sollten Sie beim zuständigen Bauamt nachfragen bzw. sich vom ausführenden Planer schriftlich zusichern lassen, dass der Grenzabstand nach Durchführung der Arbeiten im gesetzlich zulässigen Rahmen liegt.

Die kritischen Punkte bei jeder Dämmung: Anschlüsse

Einen weiteren Problembereich bilden alle Anschlüsse an Fenstern, Türen, Vordächern, Dachüberständen, Regenfallrohren, Balkonplatten usw. Auch hier müssen Sie bereits im Planungsstadium, also bevor die Ausschreibung und Auftragsvergabe erfolgt, konstruktive Lösungen finden.

Technische Möglichkeiten der Fassadendämmung

Zur nachträglichen Fassadendämmung gibt es verschiedene technische Möglichkeiten:

❶ Vorgehängte Fassadenkonstruktion.
❷ Wärmedämmverbundsystem (WDVS): Hier werden auf dem festen Altputz zunächst Wärmedämmplatten befestigt und anschließend mit einem geeigneten Kunststoffputz beschichtet.
❸ Zusätzlicher mineralischer Wärmedämmputz: Der Wärmedämmputz enthält Zuschlagstoffe, die Luftporen bilden und – im Vergleich mit herkömmlichen mineralischen Putzen – die Wärmedämmung verbessern.
❹ Vor die Altfassade gemauerte Wandscheibe aus frostbeständigen Steinen mit zwischenliegender Wärmedämmschicht (mit oder ohne Luftschicht).

Im Folgenden gehe ich auf die ersten beiden Möglichkeiten ein: die vorgehängte Fassasdenkonstruktion und das Wärmedämmverbundsystem.

Vorhangfassade: Die sicherste Lösung

Jede Baukonstruktion an der Fassade muss – insgesamt und in ihren Einzelkomponenten – dem „Stand der Technik“ entsprechen. In den Normen und Verarbeitungshinweisen der Hersteller ist dieser „Stand der Technik“ dokumentiert und muss bei Ausschreibung und Verarbeitung beachtet werden. In Deutschland hat der *Zentralverband des Deutschen Dachdeckerhandwerks* (ZVDH) auf bestimmte Baustoffe abgestimmte Fachregeln entwickelt, die kontinuierlich überarbeitet und veröffentlicht werden. Diese werden auch in Österreich und der Schweiz anerkannt. Weiterhin hat der ZVDH folgende „Merkblätter“ erarbeitet:

- Merkblatt „Wärmeschutz bei Dach und Wand“
- Merkblatt „Äußerer Blitzschutz für Dach und Wand“

- Merkblatt „Solartechnik für Dach und Wand“

In diesen Merkblättern und den Fachregeln sind bestimmte Mindestanforderungen festgeschrieben und gleichzeitig die zu beachtenden Normen aufgeführt. Da augenblicklich die nationale Normung (DIN bzw. ÖNorm) auf das gesamteuropäische Normenwerk umgestellt wird, müssen Sie die jeweils gültigen bzw. in Bearbeitung befindlichen EN-Regelwerke beachten.

Repräsentativ, konstruktiv einwandfrei und nachhaltig

Mit einer vorgehängten Fassade können Sie nicht nur repräsentativ und äußerst langlebig Gebäude umbauen und gestalten, sondern auch konstruktiv einwandfrei die Forderungen des Wärmeschutzes und der Energieeinsparung erfüllen. Zur Wärmedämmung werden Fassadendämmplatten aus Mineralfasern, Polystyrol oder anderen geeigneten Dämmstoffen zwischen einer Unterkonstruktion aus Metall oder Holzkonterlattung verlegt.
Für die Außenwand können Sie klein- oder mittelformatige Bekleidungen z.B. aus Aluminium, Kupfer, Edelstahl, Blei, verzinktem Stahlblech, Faser- oder Holzzement, Keramik, Feinsteinzeug, Holzwerkstoffen oder verschiedenen Werkstoffkombinationen verwenden.

EXPERTENTIPP

Die bauphysikalischen Vorteile einer vorgehängten Fassade

Bitte tragen Sie den Text Ihres Expertentipps ein. Bitte tragen Sie den Text Ihres Expertentipps ein. Generell gilt eine sachgemäß geplante und fachgerecht ausgeführte hinterlüftete Vorhangfassade als die bauphysikalische sicherste Lösung. Eine hinterlüftete Fassade ist mehrschichtig und wird Ihnen bei fachgerechter Ausführung lange erhalten bleiben.

- Die konsequente Trennung der Wetterhaut von Wärmedämmung und Tragwerk schützt das Gebäude vor Witterungseinflüssen.
- Der zwischen den Konstruktionsteilen angeordnete Hinterlüftungsraum reguliert den Feuchtehaushalt im Baukörper. Tragende Außenwände und die Dämmung bleiben trocken und daher voll funktionsfähig.
- Selbst durch offene Fugen eindringender Schlagregen wird durch die Luftzirkulation im Belüftungsraum abgetrocknet.
- Die vorgehängte hinterlüftete Fassade schützt alle Bauteile vor starken Temperaturbelastungen. Wärmeverluste im Winter sowie Aufheizung im Sommer werden vermindert.

Luftdichtigkeit

Die Luftdichtigkeit ist keine generelle Anforderung an die hinterlüftete Fassade, da dieses Bauteil selbst gar nicht luftdicht sein kann. Das Gebäude muss vor der Montage der hinterlüfteten Fassade die erforderliche Luftdichtigkeit aufweisen. Massives Mauerwerk oder Beton beispielsweise erfüllen diese Forderung. Durchdringungen wie Fenster, Lüftungsrohre etc. erfordern eine Luftdichtigkeit vom Einbauteil zum Tragwerk. Ein besonderes Augenmerk gilt der Luftdichtigkeit bei Skelettbauweise, da hier zusätzlich die Wandfläche abzudichten ist. Durch eine undichte Gebäudehülle entstehen bei Windsog oder -druck hohe Energieverluste und Zugluft. Auf der Windschattenseite des betroffenen Gebäudes sollten Sie mit Tauwasseranfall rechnen.

Wetterschutz

Auch der Wetterschutz ist gewährleistet: Eine vorgehängte hinterlüftete Fassade ist schlagregendicht. Ihre Bekleidung schützt die tragende Konstruktion, die Wärmedämmung und die Unterkonstruktion. Aufgrund der physikalisch sauber getrennten Einzelkomponenten ist weder ein kapillarer Wassertransport noch eine direkte Beregnung der wärmedämmenden Schichten möglich. Hinzu kommt die ständige Feuchtigkeitsabfuhr durch den Belüftungsraum. Bei besonderen Witterungsbedingungen, beispielsweise bei starker Belastung durch salzhaltiges Regenwasser in Meeresnähe, empfiehlt es sich, bestimmte Baustoffe zusätzlich mit einer witterungsseitig aufgebrachten Beschichtung zu schützen. Dafür liefern manche Hersteller entsprechend vorbereitete Bekleidungen.

Schlagregen- und Feuchteschutz

Wie bereits erwähnt, wirkt die hinterlüftete Fassadenbekleidung als Schlagregen- und Feuchteschutz. Feuchtigkeitseinwirkung durch Diffusion tritt kaum auf. Bei vorhandener Luftdichtigkeit des Tragwerkes ist die Diffusionsstromdichte zu gering, um eine Unterschreitung der Taupunkttemperatur zu verursachen.

Sommerlicher Wärmeschutz

Mit sommerlichem Wärmeschutz soll Behaglichkeit im Wohnbereich erzielt werden: Die außen vorherrschende Hitze soll möglichst nicht nach innen gelangen. Dafür notwendig sind eine gute Wärmedämmung sowie eine ausreichende wärmespeichernde Masse in der Konstruktion.

Wärmebrücken

Wärmebrücken sind Stellen der Gebäudehülle, an denen ein erhöhter Wärmefluss stattfindet. Bei einer hinterlüfteten Fassade ist diesbezüglich die Montage der Unterkonstruktion zu beachten. Eine Minderung des Wärmeflusses wird durch den Einbau einer dämmenden Unterlage zwischen Tragwerk und Unterkonstruktion erreicht. Die fachgerechte Verlegung und Montage der Dämmschicht vermindert die Entstehung von Wärmebrücken.
Als Dämmstoffe kommen alle handelsüblichen, für die Vorhangfassade zugelassenen Materialien infrage, beispielsweise Polystyrol-Hartschaumplatten, Mineralwolle-Dämmplatten usw.

EXPERTENTIPP

Statt Blitzschutz: Aluminiumkonstruktion oder Metallfassadenbekleidung

Die Anforderungen an den Blitzschutz bzw. die entsprechende Gebäudeabschirmung sind heutzutage insbesondere wegen des Schutzes von EDV-Anlagen sehr hoch. Die üblichen Maßnahmen sind jedoch recht kostenaufwendig.

Bei hinterlüfteten Fassaden mit einer Aluminium-Unterkonstruktion können Sie dagegen auf die üblichen Blitzableitungen verzichten und trotzdem eine elektromagnetische Abschirmung herstellen. Das ist besonders dann wichtig, wenn elektronische Geräte im Gebäude vorhanden sind.

Haben Sie zudem eine Fassadenbekleidung aus Metall gewählt, erhalten Sie einen wirksamen Gebäude- und Elektronik-Blitzschutz.

Welches Metall eignet sich für Vorhangfassaden?

Im gehobenen Wohnungsbau und an repräsentativen Gebäudefassaden werden aus gestalterischen Gründen oft Fassadenoberflächen aus Metall eingesetzt. Auch findet man solche Fassaden an Bestandsgebäuden. Dazu werden Metalle nicht nur in ihrer natürlichen Farbgebung eingesetzt, sondern auch mit farblicher Beschichtung oder künstlicher Patina. Normalerweise sind all diese Oberflächen langlebig und relativ pflegeleicht, außer bei schwierigen Umweltbedingungen.

Kupfer

Kupferbekleidungen gibt es walzblank oder vorpatiniert. Während sich die walzblanke Kupferbekleidung durch Oxidation selbst gegen Umwelteinflüsse schützt und die braune Kupferfarbe annimmt, werden vorpatinierte Bekleidungen im typischen Patina-Grün geliefert. Für die Befestigung der Banddeckung werden in der Fassadenkonstruktion die gleichen Haften eingesetzt wie bei der Dachkonstruktion.

Aluminium-Verbundplatte

Ein leichtes Verbundmaterial aus zwei Aluminium-Deckschichten und einem Kunststoffkern stellt Alcan mit Alucobond her. Der flexible Fassadenwerkstoff mit leichter Verformbarkeit, Planebenheit und großer Farbpalette ist handwerksgerecht einfach zu verarbeiten. Seine Oberfläche ist witterungsbeständig, schlag- und bruchfest und wird sowohl im Wohnhausbau wie auch bei großen Architekturprojekten eingesetzt.

Zinkfassadenplatten

Die meisten Hersteller setzen Titanzink nach DIN EN 988 ein. Die Legierung besteht aus Elektrolyt-Feinzink nach DIN EN 1179 mit einem Reinheitsgrad von ca. 99 Prozent und genau bestimmten Anteilen von Kupfer und Titan. Achten sie darauf, dass die von ihnen verarbeiteten Produkte zertifiziert nach DIN EN ISO 9001:2000 sind und eine freiwillige Prüfung durch ein zugelassenes Institut erfolgt.

Wie wird die Außenwandbekleidung befestigt?

Befestigungsmittel sind Teile, mit denen die Bekleidung an der Unterkonstruktion mechanisch befestigt wird. Für hinterlüftete Außenwandbekleidungen dürfen nicht rostender Stahl (auch „Edelstahl" genannt) nach DIN 267 T 11 und Kupfer nach DIN 17672 T1 ohne besonderen Korrosionsschutznachweis verwendet werden, bei Aluminiumkonstruktionen Nieten aus Aluminium nach DIN 4113 T1 und DIN 1725 T1.

Im Überdeckungsbereich bei Außenwandbekleidungen mit kleinformatigen Platten, die von anerkannten und bewährten Handwerksregeln erfasst werden, können auch aus Stahl hergestellte und mit einem feuerverzinkten Überzug versehene Befestigungsmittel eingesetzt werden.

Jede Fassadenbekleidung sollte mit einem in Form, Größe und Gewicht speziell auf den Baustoff abgestimmten Befestigungsmittel gesichert werden. Die auf dem Markt angebotenen Bauteile der Markenhersteller sind meist in Abstimmung mit der Baustoffindustrie entwickelt worden. Im Zweifelsfall – und der eigenen Sicherheit wegen – sollten Sie sich jedoch eine entsprechende schriftliche Erklärung vom Hersteller geben lassen.

Fassadenbegrünung: ökologisch sinnvoll

Die Begrünung vorgehängter hinterlüfteter Fassaden ist eine anspruchsvolle, doch ökologisch sinnvolle Maßnahme. Grundsätzlich sind dafür zusätzliche technische Hilfskonstruktionen wie Rankhilfen und Pflanztröge erforderlich. Wählen Sie außerdem Pflanzen aus, deren Pflanzentriebe die Fassade nicht beschädigen können. Das heißt, die Pflanzen dürfen nicht in die offenen Fugen der vorgehängten hinterlüfteten Fassade hineinwachsen.

Alte Fassadenelemente korrekt entsorgen oder recyceln

Die Materialien einer alten, demontierten Fassadenbekleidung gehören nicht in den Hausmüll. Die Metallbaustoffe sind grundsätzlich wiederverwertbar und werden über den Schrotthandel entsorgt. Asbesthaltige Fassadenplatten dagegen müssen als Sondermüll gemäß der GefStoffV behandelt und auf eine Sondermülldeponie gebracht werden.
Prüfen Sie, inwieweit die Materialien der Altfassade recycelt werden können. Das gilt sowohl für die Unterkonstruktion wie auch für Dämmstoffe und Bekleidungen. Ist Ihnen der Hersteller des Baustoffs bekannt, sollten Sie diesen nach Wiederverwertungsmöglichkeiten fragen, da viele Hersteller ein Recyclingsystem für ihre Produkte anbieten.

Das Wärmedämmverbundsystem (WDVS)

Ein sogenanntes Wärmedämmverbundsystem (WDVS) dient dem außenseitigen Dämmen von Gebäuden. Dazu werden bestimmte Komponenten auf einem tragfähigen Untergrund der Gebäudefassade handwerklich aufgebracht. Eine solche Fassadenkonstruktion wird auch als Wärmedämmverbundfassade bezeichnet. Folgende Komponenten sind grundsätzlich Bestandteile eines WDVS:

- Dämmstoffe wie expandierter Polystyrol-Hartschaum (EPS) oder Mineralische Dämmstoffplatten
- Befestigungsmittel der Dämmstoffe auf dem Untergrund, z.B. durch Kleben, Dübeln oder eine mechanische Befestigung
- eine Armierungsmasse, die zur Verstärkung der Dämmplatten aufgebracht wird und in die ein entsprechendes Gewebe eingelegt wird, das die Rissbildung vermindern soll

- eine Schlussbeschichtung aus auf den Untergrund abgestimmten Kunststoffputzen, keramischen Baustoffen, Holz oder Metall

Dämmstoffe

Für die Anwendung in einem WDVS müssen Wärmedämmstoffe wesentlich höhere Ansprüche erfüllen als normalerweise beim Einsatz im Innenausbau. Deshalb kommen fast nur industriell hergestellte Massendämmstoffe infrage. Nachwachsende bzw. natürliche Dämmstoffe wie Holzfasern, Naturkork (Korkeiche), Hanf, Schilf, Gräser und Perlit-Gestein (Perlite) sind aufgrund ihrer Eigenschaften nur begrenzt geeignet. Zu den anorganischen Dämmstoffen zählen Mineralwolle (Stein- oder Glaswolle) und Mineralschaum (Kalziumsilikat-Hydrate). Organisch-synthetisch sind Polystyrol-Hartschaum (PS), Polystyrolpartikel-Schaum (EPS), Polystyrolextruder-Schaum (XPS), Polyurethan-Hartschaum (PUR) und Vakuumdämmplatten (VIP).

Montage

Der Wärmedämmstoff wird als Dämmstoffplatte oder -lamelle mit einem speziell für das Material entwickelten Kleber und zusätzlichen Tellerdübeln auf dem vorhandenen tragfähigen und von Staub befreiten Untergrund befestigt. Die Wandoberfläche muss von losen Partikeln befreit sein, um die Klebehaftung sicher zu gewährleisten. Staub mindert die Klebehaftung. Bei bestimmten Systemen kann auf den Kleber verzichtet und nur gedübelt werden

Die Armierungsschicht besteht aus einem speziellen Armierungsmörtel als Unterputz. Bitte beachten Sie, dass kein Normalmörtel dazu verwendet werden darf. In das obere Drittel des Mörtels wird ein Armierungsgewebe so eingebettet, dass das Gewebe nicht mehr sichtbar ist.

Nach sorgfältiger Abtrocknung der Armierungsebene wird abschließend ein auf das System abgestimmter witterungsbeständiger Außenputz aufgetragen. Den Putz können Sie farbig gestalten, mit einer Körnung versehen (so erhalten Sie eine Reibeputzoptik) oder einfach nur streichen. Dabei sollten Sie die Farbgebung so hell wie möglich wählen, da die Pigmente dunkler Farben schneller ausbleichen. Die bei Kunststoffoberflächen übliche elektrostatische Aufladung kommt auch bei einem WDVS vor, was sich durch Schlierenbildung im Bereich der Fensterbänke oder anderen Anschlüssen zeigt.

Nachweis: Bauaufsichtliche Zulassung für die Komponenten nötig

Wärmeverbundsysteme gelten als „nicht geregelte Bauarten". Da es für sie keine entsprechende nationale (deutsche) oder europäische Norm und auch keine „anerkannten Regeln der Technik" gibt, kann ein Nachweis der Verwend-

barkeit eines solchen Systems nur durch eine bauaufsichtliche Zulassung (AbZ) oder eine Zustimmung im Einzelfall (ZiE) erbracht werden.
Eine bauaufsichtliche Zulassung bezieht sich immer auf sämtliche in der Systembeschreibung enthaltenen Komponenten (Kleber, Dübel, Wärmedämmplatten, Armierungsschicht und -gewebe, Außenputz). Sie stellt baurechtlich betrachtet eine Bauart dar. In Deutschland wird eine AbZ ausschließlich vom Deutschen Institut für Bautechnik (DiBt) in Berlin vergeben.
Achten Sie darauf, dass Sie – oder die von Ihnen beauftragten Unternehmen – immer nur Materialien verwenden, die eine entsprechende AbZ haben. Leider kommt es in der Praxis immer wieder vor, dass aus Kostengründen billige No-Name-Materialien verschiedener Hersteller gemischt werden. Eine solche Anwendung ist rechtswidrig und im Schadensfall haben Sie keinen Anspruch auf Entschädigung.

Feuerschutz

Achten Sie auch darauf, ob Baustoffe der Klasse B (B1–B3) eingesetzt werden. Bei diesen handelt es sich immer um brennbare Stoffe. So gehören beispielsweise auch alle Polystyrol-Dämmstoffe zur Baustoffklasse B, obwohl sie als „schwer entflammbar“ definiert werden. Bei Gebäudehöhen von mehr als zwei Vollgeschossen sollten zwischen den Geschossen fassadenseitig immer mindestens „schwer entflammbare“ Dämmstoffe streifenweise eingesetzt werden, um einen „Feuersprung“ von Geschoss zu Geschoss zu behindern.
Dasselbe gilt für die Kommunetrennwand, also die Wand zum Nachbarn, z.B. bei Reihen- oder Doppelhäusern. Um ganz sicherzugehen, sollten Sie grundsätzlich nur nicht brennbare Materialien der Baustoffklasse A zur Wärmedämmung in der Fassade einsetzen.

EXPERTENTIPP

So entsorgen Sie Dämmstoffe richtig

Bei Bestandsgebäuden finden Sie oft Materialien vor, die heute nicht mehr hergestellt oder in Verbindung mit anderen Stoffen verarbeitet werden dürfen oder grundsätzlich aus gesundheitlichen Gründen verboten sind. Prüfen Sie deshalb penibel genau, welches Material vorhanden ist. Müssen Sie nach einer Sanierung o. Ä. Baustoffe entsorgen, gilt es einige Vorgaben zu beachten. Klären Sie grundsätzlich vor Beginn der Maßnahme mit der für Sie zuständigen Baubehörde, wie eine Entsorgung vorzunehmen ist.

Dämmstoffe aus Abbruch dürfen nicht in den Hausmüll gelangen und müssen entweder auf eine Bauschuttdeponie gebracht oder dem Materialhersteller zugeliefert werden. Mittlerweile haben viele Baustoffhersteller für ihre Produktlinien ein eigenes Recyclingsystem entwickelt und bieten die Rücknahme alter Materialien an. Die Regelung gilt nicht nur für industriell hergestellte Massendämmstoffe, sondern auch für Dämmstoffe aus natürlichen Stoffen. Denn diese Materialien wurden oft aus technischen Gründen beschichtet oder chemisch behandelt. Manche Baustoffe wie beispielsweise die oft im Altbau mit Holzbalkendecken anzutreffenden Schüttungen aus Hochofenschlacke oder ähnlichen mineralischen Materialien können meist sogar nur auf einer Sondermülldeponie entsorgt werden.

Fußboden und Fußbodenheizung

Als Fußboden wird im Bauwesen das Bauteil bezeichnet, das als begehbare Fläche auf der statisch tragenden Schicht oder einem waagerechten Bauteil verlegt ist. Zwar können Fußböden auch aus nur einer Schicht bestehen, doch haben moderne Gebäude meist Fußböden aus mehreren Schichten, wobei die Einzelschichten dem Wärme-, Brand- und Schallschutz dienen. Hinzu kommt die obere Verschleißschicht. Der Fußbodenaufbau ist die Gesamtheit all dieser Einzelschichten.

Berücksichtigen Sie die Raumnutzung

Die Schichtenfolge einer Fußbodenkonstruktion hängt im Wesentlichen von der Gebäude- bzw. Raumnutzung ab. Üblich sind Konstruktionen, bei denen ein Estrich (Zementestrich, Trockenestrich, Gussasphalt) als Tragschicht auf die dämmende Unterlage aufgebracht wird. Auf dem Estrich wird dann ein Bodenbelag als Verschleißschicht verlegt. Eine andere Konstruktionsart ist der Hohlboden, der allerdings selten in Wohngebäuden anzutreffen ist. Bei diesem System sorgt eine entsprechende Unterkonstruktion für einen Hohlbereich zwischen Deckenplatte und Tragschicht, in den Installationen, Kabel usw. verlegt werden.

Wie werden die Maße angegeben?

In den Bauplänen wird die Maßangabe zwischen Oberkante Rohfußboden (OKRF) und Oberkante Fertigfußboden (OKFF) angegeben. Als Rohfußboden wird der obere Abschluss der statisch wirksamen Tragschicht, als Fertigfußboden der obere Abschluss der darauf befindlichen Verschleißschicht bezeichnet.

Die lichte Raumhöhe wird immer von Oberkante Fertigfußboden bis Unterkante der Decke (UKD) angegeben.
Bei Türschwellen, die unmittelbar ins Freie führen, z.B. zu Balkon, Terrasse oder Außentreppe, muss die Oberkante Fertigfußboden mindestens fünf Zentimeter über dem außen anschließenden Bodenbelag liegen. Andernfalls besteht die Gefahr, dass Regenwasser oder Flugschnee in den Raum gelangen kann.

Bodenbeläge

Als Belag wird die Fußbodenschicht bezeichnet, die gleichzeitig die begehbare Verschleißebene und die optisch gestaltende Oberfläche bildet. Bodenbeläge werden eingeteilt in textile (Teppichboden) und nicht textile Beläge. In Abhängigkeit von der Nutzung wird das Material für Bodenbeläge in Beanspruchungsklassen unterteilt.

Textile und nichttextile Beläge

Zu den *textilen Belägen* zählt man Web-, Tuft-, Wirk- und Bondingteppiche sowie Nadelvliesbeläge. Sie werden in unterschiedliche Verschleißgruppen eingeteilt. Bei besonderen hygienischen Anforderungen, z.B. in Krankenzimmern, müssen Sie einen speziellen Nachweis führen.
Nicht textile Beläge werden in elastische Beläge, Hartbeläge und mineralische Beläge unterteilt.

- Elastische Beläge sind beispielsweise homogene Kunststoffbeläge (PVC-, Polyolefinbeläge), mehrschichtige Kunststoffbeläge (PVC-, CV-Beläge), Kautschukmaterialien, Linoleum, Korkplatten oder -bahnen.
- Zu den Hartbelägen zählt man unter anderem Laminatböden, Fertig- und Holzparkett, Holzdielen und -pflaster.
- Mineralische Beläge sind z.B. Naturstein bzw. Naturwerkstein, Terrazzo, Betonwerkstein, keramische Bodenfliesen, Steinpflaster oder Gussasphalt.

EXPERTENTIPP

Achten Sie auf Rutschsicherheit

Bitte tragen Sie den Text Ihres Expertentipps ein. Bitte tragen Sie den Text Ihres Expertentipps ein. Rutsch- oder Trittsicherheit sind bestimmte Eigenschaften der Bodenbeläge, die den sicheren Tritt unter definierten Bedingungen, beispielsweise bei einem Wasser- oder Ölfilm, gewährleisten. Bodenbeläge werden deshalb nach DIN 51130 geprüft und in Gruppen unterteilt. Für Nassbereiche wie Bad, Dusche oder Waschküche erfolgt die Prüfung nach DIN 51097.

Um Rutschsicherheit eines Bodens in Nassbereichen zu gewährleisten, muss der Bodenbelag eine angepasste raue Oberfläche oder entsprechende konstruktive Merkmale haben. Natursteine können Sie beispielsweise stocken, sandstrahlen oder mit anderen Methoden oberflächlich rutschsicher aufrauen. Keramische Bodenbeläge für Nass- oder Außenbereiche (Bodenfliesen, -klinker u. Ä.) können poliert oder gelasert sein. Meist haben sie eine strukturierte Oberfläche (Noppen, Rillen etc.), die direkt bei der Herstellung erzeugt wird. Für nassbelastete Barfußbereiche wird meist eine spezielle Glasur verwendet.

Fußbodenheizung

Etwa seit den 1980er Jahren gibt es Fußbodenheizungen im Wohnungsbau. Räume mit Fußbodenheizung werden als sehr behaglich empfunden, selbst bei kalten Außentemperaturen kann man auf solchen Böden barfuß gehen. Zudem ist die innenarchitektonische Freiheit – es stören keine aufgestellten oder in Wandnischen integrierte Heizkörper – ein Argument für eine solche Flächenheizung.

Trockensystem besonders für Altbausanierung geeignet

Je nach Estrich unterscheidet man Nasssysteme, die in Zement-, Anhydrit- oder Fließestrich verlegt werden, und Trockensysteme mit Trockenestrichplatten.

Bei einem Trockensystem liegen die Rohre unterhalb des Bodenbelags. Sie werden unmittelbar auf der Trägerdämmung befestigt, die mit Nuten und Wärmeleitlamellen ausgestattet ist. Die sogenannten „Wärmeleitbleche" sollen eine gleichmäßige Wärmeverteilung ermöglichen. Das Trockensystem eignet sich für relativ dünne Fußbodenkonstruktionen, besonders aber zur Gebäudesanierung im Altbau. Die Oberböden (Estrichziegel, Fliesen, Laminat usw.) können unmittelbar auf dem System ausgeführt werden, was aufgrund der schnellen Aufheizung eine Nutzung von Niedertemperaturheizungen ermöglicht.

Für Altbauten nutzen Sie am besten Trockenestrichplatten mit unterseitig vorgefrästen Rillen, die die Heizungsrohre fixieren. Dieses System ist nicht allein wegen der geringen Montagezeit recht wirtschaftlich, Sie können die Trockenestrichplatten mit den Rohren auch selbst verlegen und benötigen nur noch für die Rohranschlüsse einen Heizungsbauer.

Bei Nassestrich können Sie die Rohre zwischen einer Stahlwabenplatte einfädeln oder auf Klemmschienen aus Stahl oder Kunststoff befestigen. Weitere Möglichkeiten sind die Befestigung mit Klammern auf Trägermatten aus Stahl oder auf einer Trägerdämmung. Die letztgenannte Variante ist jedoch nicht zu empfehlen, da die Schutzschicht beschädigt werden kann.

Zwei Varianten: Warmwasserheizung oder Elektroheizung

Bei einer Warmwasserheizung werden unter oder in dem Heizestrich Kunststoff- oder Kupferrohre verlegt. Die bei den ersten Fußbodenheizungen oft auftretende Leckage der Heizrohre war zum einen auf mangelnde Erfahrung hinsichtlich einer sachgemäßen Verarbeitung, zum anderen auf die technisch noch nicht ausgereiften Rohrsysteme zurückzuführen. Diese Probleme bestehen heute jedoch nicht mehr. Ausgewiesene Fachbetriebe verlegen die Rohre sachgemäß und garantieren eine lange Lebens- und Nutzungsdauer.
Die Rohrverlegung kann objektbezogen modular, mäanderförmig oder schneckenartig (bifilar) erfolgen. Meist werden die Rohre bifilar verlegt, da dies eine gleichmäßige Wärmeverteilung im beheizten Raum ermöglicht. Eine modulare Verlegung ist beispielsweise bei der Betonkernaktivierung empfehlenswert, bei der die Betondeckenplatte und die Betonaußenwände mit zur Raumbeheizung herangezogen werden. Dadurch erreichen Sie eine sehr gleichmäßige Temperaturverteilung im Bauteil. Außerdem nutzen Sie so die Wärmespeicherkapazität der Baukonstruktion.
Bei einer anderen Verlegeart verwenden Sie Kunststoffkapillarrohrmatten. Dabei werden parallel angeordnete PP-Röhrchen gleichzeitig durchflossen. Die geringen Rohrabstände von 15 bis 30 Millimetern bewirken die relativ gleichmäßige Erwärmung des Fußbodens.
Die elektrisch betriebene Heizung nutzt man wegen der hohen Stromkosten im Modernisierungs- und Neubau kaum noch, für selten genutzte Räume oder Ferienhäuser ist sie dennoch eine Alternative. Verlegt werden dazu Widerstandskabel oder Folien mit eingearbeiteten Heizleitern unter, in oder auf einem Estrich. Wegen ihrer geringen Aufbauhöhe lassen sie sich auch direkt unter Fußbodenbeläge verlegen. Heizkabel mit nur drei Millimetern Durchmesser können Sie im Klebebett von Fliesen oder Folien sogar unter Laminatböden verlegen. Für Nassräume wie Bad und Dusche verwenden Sie Leitungen mit geerdetem Schirm, um Elektrounfälle zu verhindern. Alle Verlegungsarten, die beim Warmwassersystem üblich sind, eignen sich auch für die Elektroheizung.

Beachten Sie die EnEV und verschiedene Normen

Für alle Fußbodenheizungen müssen neben der EnEV auch folgende Normen beachtet werden: DIN EN 1264, DIN 18550 (Estrich), DIN 1055 (Lasten), DIN 18202 (Maßtoleranzen), DIN 4109 (Schallschutz) und DIN 4102 (Brandschutz). Zudem gibt es weitere Bestimmungen:

Die Vorlauftemperatur des Heizwassers muss 35 °C betragen. Die Oberflächentemperaturen des Fertigfußbodens dürfen 29 °C im Aufenthaltsbereich, 33 °C im Bad und 35 °C in den Randzonen nicht übersteigen. Bei textilen Bodenbelägen sollten Sie unbedingt darauf achten, dass diese vom Hersteller zugelassen und mit dem Fußbodenheizsymbol gekennzeichnet sind. Wollen Sie andere Bodenbeläge bei einer Fußbodenheizung nutzen, lassen Sie sich die Zulässigkeit vom Materialhersteller oder -verarbeiter immer schriftlich bestätigen.

Nachteile einer Fußbodenheizung

Bei langzeitig genutzten Systemen die Leitungsrohre verkalken oder durch Unreinheiten verstopfen – wie bei jeder anderen Warmwasserheizung auch. Ist eine Reparatur nötig, muss in den meisten Fällen der Fußboden aufgebrochen werden. Ein weiterer Nachteil der Fußbodenheizung ist, dass die Raumaufheizung und entsprechend auch die Abschaltung nur verzögert erfolgen. Achten Sie außerdem darauf, dass jeder einzelne Raum des Gebäudes, getrennt vom Gesamtkreislauf der Heizung, separat über Thermostate regelbar ist.

Nicht tragende Innenwände bieten gestalterisches Potenzial

Für den Umbau von Altbauten bieten nicht tragende Innenwände ein hohes gestalterisches Potenzial, denn nicht tragende Bauteile können problemlos entfernt werden, ohne die Standsicherheit des Gebäudes zu beeinträchtigen.
Nicht tragende Innenwände sind Raumtrennwände, die keine statisch tragende Funktion haben, also beispielsweise keine Deckenlasten tragen oder nicht zur Gebäudeaussteifung herangezogen werden. Die Standsicherheit solcher Innenwände ist durch ihre Verbindung mit angrenzenden Bauteilen (Decken, Wände) gegeben.
Die zulässige Wandlänge ist abhängig vom Baustoff, der Konstruktion sowie der drei- oder vierseitigen Halterung (Wand-Decke-Wand). Im Mauerwerksbau liegen die üblichen Wanddicken für nicht tragende Innenwände bei 5 bis 24 Zentimetern.

Anforderungen an nicht tragende Innenwände

Nach DIN 4103-1 werden an nicht tragende Innenwände folgende Anforderungen gestellt: Sie müssen statischen, also vorwiegend ruhenden, sowie stoßartigen Belastungen widerstehen – das heißt, sie dürfen weder bei harten noch bei weichen Stößen zerstört oder durchgestoßen werden. Neben ihrer Eigenlast einschließlich Putz oder Bekleidung müssen sie die auf ihre Fläche wirkenden Lasten aufnehmen und auf andere Bauteile (Decken, Wände, Stützen) abtragen. Weiterhin müssen sie leichte Konsollasten aufnehmen können. Kleinere

Regale, Bilder, Ablagekonsolen, Wandschränke, Küchengeräte usw. sollten Sie mit einer entsprechend geeigneten Befestigungsart also problemlos montieren können. Zum statischen Nachweis einer ausreichenden Biegegrenzfähigkeit müssen nicht tragende Innenwände eine horizontale Streifenlast aufnehmen.

Schallschutz

Um einen möglichst guten Schallschutz zu erzielen, wie er beispielsweise bei angrenzenden Wohnungen, zum Treppenhaus hin und bei Kommunetrennwänden von Reihen- oder Doppelhäusern notwendig ist, sollten Sie schwere Baustoffe, Mauerwerk mit Vollsteinen ohne Lochanteil und Schalldämmstoffe verarbeiten.
Achten Sie auch darauf, dass die nicht tragenden Innenwände möglichst aus dem gleichen Baustoff errichtet werden, der für die angrenzenden Außenwände verwendet wurde. Andernfalls kann es leicht zu Rissschäden durch Verformung kommen, da jedes Material ein anderes bauphysikalisch-technisches Verformungsverhalten aufweist.

Das Dach sanieren

Leider werden Dachflächen nur selten kontinuierlich gewartet und gepflegt – sei es, weil den Eigentümern die Zeit, das Interesse oder einfach nur das erforderliche Kapital fehlt. Doch jedes Dach wird irgendwann einmal undicht und muss teilweise repariert, saniert oder komplett erneuert werden.
Baustoffe, die zur Dachkonstruktion, -eindeckung und -dämmung verwendet werden, müssen grundsätzlich den nationalen oder europäischen Normen entsprechen. In Deutschland, Österreich und der Schweiz müssen Sie zudem das Regelwerk des Dachdeckerhandwerks berücksichtigen. Das im und auf dem Dach verarbeitete Material muss außerdem für den objektbezogenen Anwendungsfall zugelassen sein.
Viele Baumaterialien sind nicht miteinander kombinierbar. Beispielsweise dürfen auf Dachbahnen, die Weichmacher enthalten, nur solche mit den gleichen Produkteigenschaften aufgebracht werden. Auch bei bituminösen (alten) Abdichtungsbahnen dürfen Sie nicht einfach „mischen“, sondern müssen sich zunächst vom Bahnenhersteller die Verträglichkeit mit der vorhandenen – zu sanierenden – Dachabdichtung bestätigen lassen. Dies gilt nicht nur für Dachbahnen, sondern für alle zur Dachkonstruktion und -sanierung angebotenen Stoffe und Systeme.

Das Flachdach

Um eine Sanierungsmöglichkeit sinnvoll abschätzen zu können, müssen Sie die Gesamtkonstruktion der Dachfläche kontrollieren, also die folgenden drei Ebenen:

- die Tragwerkskonstruktion (die oberste Geschossdecke oder das Dachtragwerk),
- den Bereich der Wärmedämmung und den bauphysikalischen Feuchteschutz (von innen nach außen sind das der Voranstrich, die Ausgleichsschicht, die Dampfsperre, die Wärmedämmung, die Unterlage und der Dampfdruckausgleich) sowie
- die eigentliche Abdichtungsebene gegen äußere Witterungseinflüsse (Oberflächenschutz, Auflast).

Tragwerkskonstruktion

Im Industrie-, Gewerbe- oder Hallenbau ist die Tragwerkskonstruktion meist direkt vom Innenraum aus zugänglich. Prüfen Sie hier zunächst auf angerostete (Metall) oder angefaulte (Holz) Stellen, sichtbare Beschädigungen, Anrostung von Nieten, Nägeln, Schrauben, Schweißnähten und/oder anderen Verbindungsstellen. Bei Betondecken bzw. -trägern kontrollieren Sie, ob Abplatzungen und Roststellen sichtbar sind, die auf Schäden der Eisenarmierung hinweisen. Gegebenenfalls muss auch eine statische Überprüfung und Neuberechnung durchgeführt werden. Eine solche Überprüfung kann ergeben, dass sich eine „normale“ Sanierung, also ein Auswechseln oder eine stellenweise Ausbesserung, nicht mehr lohnt und ein kompletter Neuaufbau notwendig wird.

Dämmung entspricht bei Altgebäuden oft nicht den Anforderungen

Bei Altgebäuden entspricht die Dämmung oft nicht mehr den Anforderungen der gültigen EnEV 2009 bzw. DIN V 4108. Auch kann es durch Minderung der ursprünglichen Dicke der alten Wärmedämmschicht zu bauphysikalisch bedingten Feuchteschäden innerhalb des Konstruktionsaufbaus kommen. Durchfeuchtete Wärmedämmschichten weisen jedoch nicht immer automatisch auf eine beschädigte Dachabdichtung hin. Sie können aber eine Ursache für Ablösungen im Dachtragwerk sowie ständig steigende Heizkosten durch unnötig hohen Wärmeverlust über die Dachfläche sein. Durchfeuchtete Dämmstoffschichten sollten Sie aus bautechnischen und bauphysikalischen Gründen komplett entfernen und durch eine neue Wärmedämmung ersetzen. Generell sollten Sie die Wärmedämmschicht nicht nur punktuell ausbessern, sondern immer ganzflächig sanieren. Da dazu die Dachabdichtung (der Witterungsschutz) entfernt werden muss, können Sie gleichzeitig die Oberfläche der Tragkonstruktion reinigen, ausbessern und schützen lassen.

Auch bei Dämmstoffen sollten Sie aus chemischen und/oder physikalischen Gründen nicht einfach unterschiedliche Materialien in direktem Kontakt zueinander einbauen. Stattdessen müssen Sie eine wirksame Trennschicht – z.B. eine Vliesbahn – so einfügen, dass die Stoffe nicht miteinander reagieren können. Dies ist nicht notwendig, wenn die Ergänzung mit einem Dämmstoff gleicher Eigenschaften erfolgt. Da Sie aber Bewegungen in der Dachkonstruktion nicht ausschließen können, sollten Sie auf die Altdämmung zunächst eine Trennschicht, z.B. aus Vlies, legen und darauf dann die Neudämmung einbauen.

Wasserabführung

Dachflächen mit einer Neigung von weniger als zwei Prozent sind Sonderkonstruktionen und erfordern spezielle Maßnahmen, um eine Schadensbildung durch stehendes Wasser zu vermeiden. Innenliegende Rinnen müssen grundsätzlich ein ausreichendes Gefälle zur Wasserabführung aufweisen, besonders wegen der Schneeschmelze. Bei der Dachbegehung sollten Sie diese Bedingungen unbedingt überprüfen. Kontrollieren Sie auch, ob die regional anfallenden Regen- bzw. Schneemengen wirksam abgeführt werden können. Dabei gibt es technisch keinen Unterschied, ob es sich um ein Flachdach oder eine geneigte Dachfläche handelt. Prüfen Sie kritisch die Abflussgeschwindigkeiten der eingebauten Gullys, Regenrinnen und Fallrohre. Besonders innenliegende Entwässerungssysteme müssen regelmäßig gewartet und gereinigt werden.

Beanspruchungen der Dachkonstruktion

Bedenken Sie auch die vielen Beanspruchungen, also äußere und innere Einflüsse, die auf die Dachkonstruktion einwirken können. Neben Wind, Regen, Wärme, Kälte, Sonne, Eis und Schnee zählen dazu Umwelteinflüsse wie UV-Strahlung und Luftverschmutzung, aber auch Laub, Moose und Algen. Aus dem Rauminnern können Wasserdampf und aggressive Produktionsdämpfe sowie stark wechselnde Temperaturen der Dachkonstruktion zusetzen. Diese breite Belastungspalette macht deutlich, dass Dächer zu den Pflegebauteilen zählen, die Sie mindestens einmal jährlich überprüfen sollten.

Besonders die Temperaturbelastung flacher Dächer ist in unseren Klimabereichen sehr hoch. Jahresmittelwerte von bis zu 100 °C sind durchaus möglich. Dadurch entstehen Längenänderungen in der Konstruktion, vor allem in der dünnen Dachabdichtung. Zusätzlich belastet die hohe Oberflächentemperatur die Beständigkeit – und damit die Lebensdauer – von Dachabdichtungsbahnen. Intensive Sonneneinstrahlung führt nicht nur zur Aufheizung der Dachhaut und ggf. zur Versprödung der Abdichtungsbahn, sondern kann auch chemische Prozesse in organischen Belägen bewirken, wie z.B. die Ausgasung von Treibmitteln oder Weichmachern bei Kunststoffen.

Dachabdichtungen werden mechanisch hoch beansprucht durch flächige Spannungen, Bewegungen, Schwingungen und/oder hohe Punktlasten. Das kann z.B. durch Dämmschichten, bewegliche Unterlagen, begeh- oder befahrbare Beläge sowie Dachbegrünungen hervorgerufen werden. Bei festen, flächig stabilen Unterlagen werden sie dagegen nur mäßig beansprucht.

Flugfeuer und strahlende Wärme

Nach den deutschen Länderbauordnungen müssen Bedachungen generell „gegen Flugfeuer und strahlende Wärme widerstandsfähig" sein (harte Bedachung). Beachten Sie aber auch die Sonderbestimmungen, z.B. für Garagen und KFZ-Einstellplätze, sowie die Auflagen der Versicherer.

Dachabdichtung

Bei den Dachabdichtungen sollten Sie vor Beginn der Sanierungsarbeiten die Oberfläche der Unterlage überprüfen. Bewegungsfugen müssen Sie bei der Sanierung angeben und entsprechend ausbilden bzw. Sie dürfen sie nicht überkleben. Achten Sie auch darauf, dass Gefälleschichten und Dampfsperren aus nicht wärmedämmenden Stoffen hergestellt sind, sonst müssen Sie einen Nachweis der Funktionsfähigkeit nach DIN V 4108 (Wärmeschutz) führen. Unterkonstruktionen bzw. statisch tragende Unterlagen müssen den Flachdachrichtlinien des Dachdeckerhandwerks entsprechen und die dort geforderten Eigenschaften aufweisen.

Der Voranstrich soll die Klebehaftung auf dem Untergrund verbessern. Trenn- und Ausgleichsschichten helfen, geringfügige Schwind- und Spannungsrisse in der Tragkonstruktion zu überbrücken. Gleichzeitig schützen sie gegen Rauigkeit und chemische Einwirkungen aus der Unterlage. Eine Dampfsperre muss so ausgeführt sein, dass sie wirksam eine Wasserdampfdiffusion verhindert, da sich Wasserdampf schädigend auf die Schichten des Dachaufbaus auswirken kann. Die Bahnenstöße müssen langlebig sicher verklebt werden. Generell dürfen Sie für die Wärmedämmung von Dächern nur genormte oder bauaufsichtlich zugelassene Dämmstoffe verwenden.

Eine Dampfdruckausgleichschicht ist eine zusammenhängende Luftschicht unter der Dachabdichtung. Sie soll örtlichen Dampfdruck verteilen sowie die Eigenbeweglichkeit der Dachabdichtung bei Temperaturschwankungen ermöglichen. Gleichzeitig soll die Übertragung von Bewegungen und Spannungen aus den unteren Schichten vermindert werden.

Dächer werden häufig mit (Polymer-)Bitumenbahnen eingedeckt. Führen Sie neue Dachabdichtungen mit Bitumenbahnen mehrlagig, entsprechende Reparaturen oder Sanierungen dagegen einlagig aus. Als Oberlage verwenden Sie Polymerbitumenbahnen mit oder ohne Splittbestreuung. Heutzutage werden meist genormte Dachbahnen verarbeitet, die auf der Verpackung entsprechend gekennzeichnet sind. Sie können jedoch auch andere Dachbahnen, die der europäischen Normung entsprechen oder eine bauaufsichtliche Zulassung haben, verwenden. Diese können Sie entsprechend ihrer Zuordnung zu den Bahnengruppen verarbeiten.

Dachbahnen aus Kunststoff wiesen in vergangenen Jahren oft eine hohe Schadensanfälligkeit aufgrund chemischer und/oder physikalischer Zusammenhänge auf. Heute ist dies nicht mehr der Fall. Kunststoffbahnen mit thermoplastischen Eigenschaften erhalten eine einwandfreie Nahtverbindung durch Quell-, Warmgas-, Hochfrequenz- oder Heizkeilschweißen sowie Dichtungs- bzw. Abdeckbänder. Bei Kautschukbahnen erfolgt die Nahtverbindung durch Kontaktkleber, Dichtungs- bzw. Abdeckbänder oder Heißvulkanisierung (hot bonding). Haben Kautschukbahnen zum Zeitpunkt der Verarbeitung thermoplastische Eigenschaften, wird die Nahtverbindung sachgemäß durch Quell-, Warmgas- oder Heizkeilschweißen hergestellt. Beachten Sie bei Kunststoffbahnen besonders die Verlegehinweise der Hersteller.

Windsogsicherung

Die Sicherung von Dachabdichtungen und deren Schichtaufbau gegen Abheben durch Windlast, die sogenannte Windsogsicherung, kann durch Auflasten, Verklebungen und/oder mechanische Befestigungen erfolgen. Zur Festlegung der Windlasten müssen Sie in Deutschland die DIN 1055 Teil 4 berücksichtigen und für die Dachabdichtung einen Sicherheitsfaktor einrechnen.

Die richtige Dämmung beim Steildach

Ein Dach ist das Gesamtergebnis des Zusammenspiels von Tragwerk und Dachbaustoff. Die Entscheidung für einen bestimmten Baustoff treffen Bauherren, Architekten und Dachdecker jedoch nicht allein. So ist beispielsweise der Ingenieur oder Statiker für den notwendigen Standsicherheitsnachweis zuständig und legt damit auch konstruktive Einzelheiten fest. Zudem müssen Sie die Anforderungen des Brand-, Schall- und Wärmeschutzes beachten und auch Belastungen, z.B. durch umweltverschmutzte Luft, erfordern bestimmte Bedachungsmaterialien.

Das Tragsystem ist dagegen in einem Bestandsgebäude bereits vorhanden und kann meist nur unter hohem finanziellen Aufwand geändert werden. Bei der Entscheidung für ein bestimmtes Tragsystem müssen Sie immer auch die Art der Nutzung des Dachraums sowie die entsprechenden Bauvorschriften, Normen und Gesetze beachten.

Hinsichtlich des baulichen Wärmeschutzes müssen Sie heute nicht mehr allein den Heizwärmeverlust reduzieren, sondern auch das Gebäude im Sommer vor intensiver Wärmeeinstrahlung schützen. Doch Sie sollten nicht einfach nur Klimaanlagen zur Raumkühlung einzusetzen. Diese verbrauchen zu viel Energie, die immer teurer wird und deren Erzeugung die CO_2-Belastung erhöht. Setzen Sie beim Bauen stattdessen wesentlich mehr auf schwere, wärmespeichernde Baustoffe und eine zusätzliche Dämmung gegen Hitze und Kälte. Dabei bildet das Dach, wie es heute üblicherweise gebaut wird, den größten Problembereich.
Um Kosten zu minimieren, werden Steildächer konstruktiv immer leichter gebaut. Dicke Dämmstoffpakete und eine luftdichte Ausführung mindern bei dieser Konstruktionsweise den Heizwärmeverlust im Winter. Um Bauherren zu zwingen, eine solche Bauweise zu akzeptieren, wurden beispielsweise in Deutschland die Energieeinsparverordnung (EnEV) schrittweise verändert und ein Energieausweis der EU sowie finanzielle Fördermaßnahmen eingeführt. Diese Maßnahmen zielen allein darauf ab, die Heizenergie im Winter zu minimieren. Im Sommer dagegen heizt die Sonneneinstrahlung auch normativ richtig ausgeführte Dachgeschosse extrem auf. Bei Außentemperaturen von 30 °C beispielsweise können die Temperaturen in Dachgeschossräumen über 40 °C betragen. Wenden Sie deshalb auch im Dachbereich schwere Konstruktionen mit wärmespeichernden Eigenschaften an. Ideal sind Dachtragwerke aus Beton, die außenseitig mit entsprechend dicken Dämmstoffpaketen und Dacheindeckungen ergänzt werden. Selbst alte Holzdachstühle lassen sich baulich so verändern, dass Sie eine gute Wärmespeicherung erzielen. Schwere Dämmstoffe, zementgebundene Leichtbauplatten oder Gipskartonplatten bringen beispielsweise ein gewisses Maß an Masse ins Dachgeschoss, was eine sommerliche Amplitudendämpfung bewirken kann.

Laut Weltklimabericht der UN müssen wir künftig besonders in den Ballungsräumen der Großstädte mit sehr hohen sommerlichen Temperaturen rechnen. Außerdem nehmen Stürme und hohe Regenmengen bzw. im Winter starke Schneefälle in unserer mitteleuropäischen Klimazone zu. All diese Naturphänomene setzen besonders dem Dach zu. Deshalb sollten Sie bei Ihrem Dachgeschoss künftig nicht allein auf guten winterlichen Wärmeschutz, sondern auch auf Windsogsicherung, Regen- und Luftdichtigkeit sowie sommerlichen Hitzeschutz achten. Verlassen Sie sich bei diesbezüglichen Entscheidungen auch nicht auf die einseitige Meinung der Industrie, dass beispielsweise mit Dachziegeln oder -steinen gedeckte Dachflächen ausreichend Schutz vor Windsog und Aufheizung bieten.

Holzdachtragwerk

Bei einem leichten Holzdachtragwerk sollten Sie sich überlegen, ob Sie dicke Dämmstoffpakete allein auf der Dachaußenseite aufbringen und zur Wärmespeicherung über dem Sparren darunter eine schwere Baustoffplatte anordnen, die gleichzeitig das wasserführende Unterdach bilden kann. Zwischen den Sparren füllen Sie die gesamte Sparrenhöhe mit einem schwergewichtigen mineralischen Dämmstoff aus. Raumseitig folgt dann ebenfalls eine schwere zementgebundene Leichtbauplatte oder eine Gipsbauplatte, deren glatte Oberfläche Sie streichen oder tapezieren können.
Bei einer Sanierung oder einem Umbau könnten Sie die tragende Dachkonstruktion auch gleich als wärmespeichernde Betonplatte ausführen lassen. Witterungsseitig werden darauf ein entsprechend dimensioniertes Dämmstoffpaket und die Dacheindeckung verlegt, raumseitig die geeigneten Leichtbauplatten. Eine solche Dachkonstruktion schützt wesentlich besser vor Kälte und Hitze als leichte Holzdächer. Zusätzlich werden die Forderungen des Brand- und Schallschutzes sowie der Windsogsicherung kostengünstig erfüllt.
In der DIN V 4108 Teil 2 wird außerdem ein sogenannter „Sonneneintragskennwert“ benannt, der einer übermäßigen Aufheizung von Räumen vorbeugen soll. Dieser Höchstwert darf nicht überschritten werden, sonst ist der sommerliche Wärmeschutz eines Gebäudes nicht in Ordnung. In diesem Fall müssten Sie Ihre Planung bzw. Bauausführung noch einmal überarbeiten.

Sparrendach

Beim traditionellen Sparrendach unterscheidet man je nach Anordnung der Dämmschicht in Unter-, Zwischen- und Aufsparrendämmung. Unter dem Aspekt des winterlichen und sommerlichen Wärmeschutzes ist die Aufsparrendämmung die bauphysikalisch beste Lösung. Die Zwischensparrendämmung bildet in diesem Sinne einen Kompromiss, wogegen die Untersparrendämmung lediglich den winterlichen Wärmeschutz verbessert. Alle Konstruktionen müssen zusätzlich luft- bzw. winddicht ausgeführt werden.

Beispiel für eine Steildachkonstruktion

Gemäß der Normen wird für Steildächer ein U-Wert $\leq$ 0,25 W/m²K gefordert. Empfehlenswert ist ein U-Wert von $\leq$ 0,2 W/m²K. Diesen Wert erreichen Sie beispielsweise mit Mineralwolle-Dämmstoffen (λ = 040 W/[mK]) von mindestens 200 Millimetern Dicke. Gleichzeitig erhalten Sie dadurch eine Amplitudendämpfung $\geq$ 15. Kombinieren Sie diese Dämmung mit einer schweren, wasserdichten Baustoffplatte als Unterdach (Auf-

sparrendämmung) und ordnen zudem raumseitig eine doppelte GK-Platte (2 x 12,5 mm) an, wird die Aufheizung durch Wärmeeinstrahlung im Dachraum wesentlich verringert.

Wärmedämmstoffe für die Steildachdämmung

Grundsätzlich sind alle zurzeit am Markt erhältlichen und normativ für die Steildachdämmung ausgewiesenen Wärmedämmstoffe geeignet. Aufgrund der im europäischen Normenwerk festgelegten Eigenschaften müssen die Hersteller dieser Dämmstoffe deren Eignung durch Zulassungen bzw. Prüfzeugnisse nachweisen. Im Zweifelsfall sollten Sie einen entsprechenden Nachweis vom Verarbeiter verlangen, denn dieser haftet im Schadensfall, wenn er nicht normgerechte Baustoffe verarbeitet.
Nachfolgend werden natürliche bzw. naturidentische Dämmstoffe, die für die Dachdämmung geeignet sind, mit ihren Eigenschaften kurz beschrieben. Auf die Darstellung der handelsüblichen Dämmstoffe wie Mineral- und Glaswolledämmstoffe, Polystyrol- und PU-Hartschaumplatten, Schaumglas etc. wird hier bewusst verzichtet, da deren Eigenschaften allen Bauleuten bekannt sind. Mit Reihenfolge und Darstellung soll keine irgendwie geartete Wertung vorgenommen werden. Die Daten beruhen auf Herstellerangaben. Für ihre Richtigkeit übernimmt der Autor keine Haftung.

- Holzfaserdämmplatte: Dieser Dämmstoff aus organisch-natürlichen pflanzlichen Rohstoffen besteht aus Rest-Nadelholz-Hackschnitzeln. Die Resthölzer werden thermisch-mechanisch zerfasert, dann wird der mit Wasser verdünnte Faserbrei gesiebt, die Fasern werden zu Vlies verarbeitet, gepresst und getrocknet. Der Dämmstoff hat folgende Eigenschaften: Wärmeleitfähigkeit $\lambda = 0{,}040$ [W/(mK)], spezifische Wärmekapazität $c = 2100$ [J/(kgK)], $\mu = 5 - 10$, Rohdichte ca. 160 bis 230 kN/m^3, hohe Wärmespeicherfähigkeit, recycelbar.
- Flachsfaser-Dämmplatte: Bei diesem Dämmstoff aus organisch-natürlichen pflanzlichen Rohstoffen werden Flachsfasern mit natürlichem Stärkekleber zu Platten verbunden. Weitere Inhaltsstoffe sind Borsalz und teilweise Wasserglas. Eigenschaften: Wärmeleitfähigkeit $\lambda = 0{,}037$ [W/(mK)], Rohdichte 30 Kg/m^3, recycelbar.
- Cellulose-Dämmplatte: Dieser Dämmstoff besteht aus Zellulose (Altpapier und Jute), Ligninsulfonat, Tallharz, Aluminiumsulfat (Bindemittel), Borax und Borsäure (Brandschutzmittel). Eigenschaften: $\lambda = 0{,}040$ [W/(mK)], $\mu = 1$, Rohdichte 70 – 100 kg/m^3, hohe Wärmespeicherfähigkeit.
- Celluloseflocken-Einblasdämmstoff: Dieser Einblasdämmstoff aus organischen pflanzlichen Rohstoffen wird im Recyclingverfahren aus Tageszei-

tungspapier hergestellt. Weitere Inhaltsstoffe sind Borax und Borsäure. Der Dämmstoff ist geeignet zum Einblasen von Hohlräumen in Dächern, Wänden und Decken. Eigenschaften: Wärmeleitfähigkeit $\lambda = 0{,}040$ [W/(mK)], $\mu = 1 - 2$, Rohdichte 35 – 80 kg/m^3, nicht druckbelastbar, gute Wärmespeicherfähigkeit, bei Verarbeitung hohe Staubentwicklung möglich.

- Hobelspan-Einblasdämmstoff: Dieser Dämmstoff besteht aus Hobelspänen, die in einem Spezialverfahren aufbereitet und mit einem dünnen Zementsteinfilm umhüllt werden. Die Imprägnierung erfolgt mit Molke, Soda oder Zement. Der Dämmstoff ist einsetzbar als Schütt- und Blasdämmstoff in Dächern, Wänden und Decken. Eigenschaften: Wärmeleitfähigkeit $\lambda = 0{,}055$ [W/(mK)], $\mu \leq 2$, Rohdichte 90 – 140 kg/m^3, gute Wärmespeicherfähigkeit.
- Blähperlit-Schüttdämmstoff: Dieser Dämmstoff aus dem mineralischen Rohstoff Perlit ist vulkanischen Ursprungs. Durch eine Erhitzung auf über 1.000 °C entweicht chemisch gebundenes Wasser und bläht dabei das Korn um das 15- bis 20-Fache auf. Die herstellerbezogene Ummantelung aus Bitumen, Gips oder Parafinharz sorgt für eine höhere Druckfestigkeit. Eigenschaften: $\lambda = 0{,}050$ [W/)mK)], $\mu \sim 3$, Rohdichte 90 – 95 kg/m^3.

Installieren Sie einen wirksamen Blitzschutz

Gebäudeversicherer melden, dass Brände durch Blitzeinschlag besonders bei Steildachkonstruktionen zugenommen haben, da deren Dachstuhl meist aus Holz besteht. Auch wenn es keine gesetzlichen Vorschriften dazu gibt, sollten Sie deshalb immer einen wirksamen Blitzschutz in Ihrer Immobilie installieren. Der Kostenaufwand dafür ist weitaus geringer als der Nutzen. Bei notwendigen Sanierungen, Reparaturen oder Umbauten sollten Sie den Blitzschutz jedes Mal erneut überprüfen bzw. installieren. Schalten Sie dazu immer einen Fachmann ein, der ein verbindliches Konzept erarbeitet und die sachgemäße Umsetzung kontrolliert.

Das Risiko des direkten Blitzeinschlags in eine bauliche Anlage (Antenne, Schornsteinkopf, Blendrahmen der Dachflächenfenster, Solaranlagen auf dem Dach oder in der Fassade etc.) kann aufgrund der speziellen geometrischen Abmessungen und der örtlichen Umgebungssituation unter Einbeziehung der Blitzschutznorm VDE 0185-305-2 (Deutschland) oder ÖVE/ÖNORM E 8049 (Österreich) abgeschätzt werden. Es ist anzunehmen, dass hohe Gebäude öfter vom Blitz getroffen werden als niedrige, großflächige häufiger als kleingliedrigere und frei stehende – womöglich noch auf einer Anhöhe oder im Gebirge – häufiger als Gebäude innerhalb von Wohnsiedlungen und Ballungszentren.

Folgende Schäden an baulichen Anlagen ohne Blitzschutzsystem treten bei Blitzeinschlag häufig auf: undichte Dacheindeckungen, beschädigte Solaranlagen, abgeschlagene Gebäudeteile und verschmorte Metallteile, z.B. Antennen oder Satellitenschüsseln. Wie bereits erwähnt, häufen sich in letzter Zeit durch Blitzeinschlag verursachte Brände, besonders im Dachgeschoss alter Steildächer. Ursachen hierfür sind oft Dacheindeckungen mit brennbaren Baustoffen, brennbare Dachdämmstoffe oder die Lagerung leicht entzündbarer Materialien im Dachbereich.

Solaranlagen auf Steildächern

Bei Solaranlagen auf Steildächern wird der Blitzschutz oft aus finanziellen Gründen nicht eingebaut. Dabei lassen sich gerade in der Planungsphase einer Solaranlage durch eine sachgemäße Konzeption Kosten sparen und vorbeugend Werte sichern. Klären Sie in jedem Fall, ob spezielle Anforderungen der Gebäudeversicherung oder Vorschriften einer Landesbauordnung zu beachten sind. Auch sollten Sie Ihre Solaranlage mit zusätzlichen externen Überspannungsableitern vor einer Spannungseinkopplung schützen. Eine bereits vorhandene Blitzschutzanlage am Gebäude darf nicht durch den Einbau einer Solaranlage in ihrer Funktion gestört oder gemindert werden. Grundsätzlich sollte auch hier möglichst viel Blitzstrom an der Gebäudehülle ins Erdreich abfließen können.

Bei Solaranlagen oder ähnlich aufgeständerten Bauteilen ist außerdem der Mindestabstand zur Dachoberfläche wichtig, der fachlich auch als Trennungsabstand „s“ bezeichnet wird. Bei einem direkten Blitzeinschlag in das Gebäude wird damit der Überschlag auf die Solaranlage verhindert und die Leitungsverbindungen (PV-Strangleitung oder Solarkreislauf) leiten keinen Blitzstrom in das Gebäudeinnere.

Durch Anpassen der Fangleitungen (Blitzableiter) verhindern Sie, dass Metallteile oder Solaranlagen auf dem Steildach direkt getroffen werden. Stattdessen schlägt der Blitz in die Fangeinrichtung ein. Für solch eine Einrichtung montiert ein Fachmann zusätzliche Fangstangen und -spitzen. Die Solaranlage befindet sich somit im Schutzbereich der äußeren Blitzschutzanlage.

Bei Metalldächern wird die Dachfläche mit zur Fangeinrichtung gezählt. Hier ist ein sogenannter teilisolierter Blitzschutz nicht möglich. Deshalb müssen Sie die Solaranlage oder ähnliche Bauteile direkt mit der äußeren Blitzschutzanlage blitzstromfähig elektrisch leitend verbinden. Da die Leitungen der Solaranlage hier blitzstrombehaftet sind, ist die Leitungsführung entscheidend für den technischen und finanziellen Aufwand. Bei Photovoltaikanlagen müssen Sie die ins Gebäude führenden, blitzstromgefährdeten Strangleitungen durch Blitzstromableiter schützen. Dagegen können Sie bei solarthermischen Anlagen keine Überspannungsschutzgeräte einsetzen, sondern verlagern den teilisolierten Blitzschutz auf vorhandene Solarkreislaufleitungen im Gebäudeinnern. Achten Sie aber darauf, dass dabei keine Überschläge auf andere Installationen (Elektro- und Metallleitungen sowie Metallteile) erfolgen. Versuchen Sie in solchen Fällen, die Leitungen blitzstromtragfähig und abgeschirmt in einem Metallrohr oder einer Rinne an der Außenfassade anzubringen und sie nahe dem Erdniveau ins Gebäude einzuleiten.

Die Dachentwässerung

Zur Ableitung von Regen- oder Tauwasser von einer Dachfläche sollten Sie immer über eine sachgemäß geplante und fachgerecht montierte Dachentwässerungsanlage verfügen. Das gilt sowohl für ein Flachdach wie auch für ein Steildach. Lassen Sie die Dachrinne so anlegen, dass Wassersäcke oder Gegengefälle vermieden werden, da diese den geregelten Abfluss behindern und damit zu Gebäudeschäden führen können.

Dachrinne

Als Regen- bzw. Dachrinne bezeichnet man eine Sammelrinne, die so montiert wird, dass sie das von der Eindeckung der Dachfläche ablaufende Wasser sammelt und über ein Fallrohr in den Abwasserkanal leitet. Nach DIN EN 12056-3 sollten Sie Dachrinnen generell mit einem Gefälle von ein bis drei Millimetern auf den laufenden Meter verlegen. Bei einer vorgehängten Dachrinne dürfen Sie das Gefälle nicht zu steil anlegen, da sonst die Rinne die Traufkante soweit unterschreiten kann, dass ablaufendes Wasser über die Vorderkante der Dachrinne hinausschießt und einen „Wasserfall" bildet.
Ist die Vorderkante zu hoch, staut sich bei Starkregen das Wasser und kann dann im Traufbereich unter der Traufbohle hindurch in die Wärmedämmung eindringen. Die Folge ist ein nachhaltiger Durchfeuchtungsschaden, den Sie nur mit hohem konstruktiven und finanziellen Aufwand beheben können.
In Regionen mit starkem Schneefall sollte die Vorderkante der Dachrinne nicht höher als die Abrutschlinie des Schnees liegen. Andernfalls kann sich hier Schnee anstauen. Bei Tauwetter wird diese Schneeanhäufung dann schwerer und durch die erhöhte Belastung kann es sogar zum Abriss der gesamten Dachrinne kommen. Selbst sachgemäß im Traufbereich und an der Dachfläche montierte Schneefanggitter oder ähnliche Konstruktionen helfen nur bedingt, solche Ansammlungen zu verhindern.

Fallrohr

Über den Dachrinnenauslass wird die Dachrinne mit dem Fallrohr verbunden. Dieses senkrechte Rohr zur Ableitung des Wassers in die Kanalisation kann innerhalb oder außerhalb des Gebäudes geführt werden. Innerhalb des Gebäudes verwenden Sie dazu Rohre aus Gusseisen, Flussstahl, Steinzeug, Kunststoff oder Faserzement. Außerhalb, also an der Fassade, setzen Sie Rohre aus verzinktem Stahlblech, Titanzink, Edelstahlblech, Kupferblech, Faserzement oder Kunststoff ein. Reinigungsöffnungen zur Kontrolle des Fallrohrs sollten Sie grundsätzlich oberhalb des Endes und bei Richtungsänderungen anordnen, allerdings nicht in der Nähe von Fenstern, Türen oder anderen Fassadenöffnungen, da sonst bei Überlauf Schadensgefahr besteht.
Bei bepflanzten Dachflächen sollten Sie den Ablauf immer kontrollieren können. Außerdem müssen Sie durch konstruktive Maßnahmen verhindern, dass Schmutz und Pflanzsubstrat in den Ablauf eingetragen werden. Beachten Sie dabei, dass Schmutzsiebe oder ähnliche Bauteile das Abflussvermögen des Ablaufs stark vermindern können, selbst dann, wenn sie regelmäßig gesäubert werden.

EXPERTENTIPP

Zwei Dachrinnenabläufe bei Flachdächern mit Brüstung

Bei Flachdächern mit Brüstung (Attika) sollten Sie mindestens zwei Dachrinnenabläufe oder einen Ablauf plus Notablauf anordnen – für jede Teildachfläche einen. Um ein mögliches Eindringen von Regenwasser in das Gebäude zu verhindern, sollten Sie generell bei Flachdächern oder nicht vorgehängten Dachrinnen zusätzliche Notabläufe vorsehen. Besonders bei großflächigen Flachdächern mit innenliegender Entwässerung kommt es immer wieder zu Gebäudeschäden durch unzureichende Entwässerung, zu hoch über der Dachfläche eingebaute Abläufe oder Laub, das die Auslässe verstopft. Bei Steildächern richtet sich die Anzahl der Abläufe nach der Länge der Dachrinne. Allerdings werden besonders im Altbaubereich oft mehrere kleinere Dachflächen an ein Fallrohr angeschlossen. Bei starkem Regen führt das unweigerlich zu überlaufenden Dachrinnen und dadurch zu enormen Schäden an den Fassaden. Lassen Sie also lieber zusätzliche Fallrohre installieren, um auch kleine Dachflächen zu entwässern, als nachträglich teure Fassadensanierungen durchführen zu müssen.

Regenwasserleitung

Die Fallrohre der Dachentwässerung sind über eine Regenwasserleitung mit der öffentlichen Kanalisation verbunden. Diese Leitungen sollten wasserdicht sein, wenn sie durch Außenwände von Gebäuden führen. Achten Sie außerdem darauf, dass sie nicht in tragende Bauteile einbetoniert werden, sondern grundsätzlich so angeordnet sind, dass Sie jederzeit ohne großen Aufwand Zugang zu ihnen haben. Schließlich müssen Sie die Leitungen auch kontrollieren, instand halten, reparieren und ggf. austauschen können. Bei Leitungen, die in den Decken verlegt werden, sollten Sie konstruktiv besonders sorgfältig vorgehen.

Im Gebäudeinnern geführte Leitungen müssen druckfest sein, um bei Verstopfungen nicht zu platzen. Die Reduzierung der Rohrnennweite in Fließrichtung ist nicht erlaubt. Achten Sie außerdem auf die richtige Wärmedämmung der Leitungen, um Schwitzwasserbildung zu verhindern.

Leitet die Regenwasserleitung das Regenwasser in einen Bodenablauf ein, muss sie unter dem Bodenablaufgitter bzw. -sieb, aber oberhalb des Geruchsverschlusses, enden. Empfehlenswert ist der Anschluss über einem hinteren oder seitlichen Einlauf.

Auslaufformstück

Besteht keine andere Möglichkeit, das Regenwasser auf ein niedrigeres Dach oder eine abgedeckte Fläche abzuleiten, müssen Sie ein Auslaufformstück anbringen. Damit wird das Wasser vom Gebäude weggeleitet. In dem betroffenen Bereich muss die Dachabdeckung des niedrigeren Daches verstärkt werden.

EXPERTENTIPP

Rinnenheizung

In Gebieten mit häufigem Frost empfiehlt es sich, eine Begleitheizung in innenliegende Dachrinnen oder Rohre, eine sogenannte Rinnenheizung, einzubauen. Damit soll verhindert werden, dass Eis die Abläufe blockiert und als Folge Wasser ins Gebäudeinnere eindringt.

Gefälle der Dachrinne

Dachrinnen dürfen mit oder ohne **Gefälle** verlegt werden. Bis zu einem Gefälle von drei Millimetern auf den laufenden Meter gelten sie als gefällelos. Bei vorgehängten Dachrinnen mit halbrunder oder ähnlicher Form, die ohne Gefälle geplant, aber mit Abläufen versehen sind, die einen dauerhaft freien Ablauf garantieren, wird das Abflussvermögen durch Gleichung 3 in EN 12056-3, Abschnitt 5.1.2 bestimmt. Dabei werden der Dachrinnenquerschnitt und die Dachrinnenform berücksichtigt. Bei vorgehängten Dachrinnen mit rechteckiger, trapezförmiger oder ähnlicher Form, die ohne Gefälle geplant, aber mit Abläufen versehen sind, die einen freien Ablauf garantieren, wird das Abflussvermögen durch Gleichung 4 in EN 12056-3, Abschnitt 5.1.4 ff. bestimmt.

Entwässerung beim Umkehrdach

Die Entwässerung von Dränschichten beim Umkehrdach erfolgt über die Dacheinläufe und/oder Dränleitungen, die an die Dachentwässerungsleitungen angeschlossen werden. Dabei sollten Sie die Dachentwässerung so anlegen, dass die Dämmstoffplatten nicht ständig mit Stauwasser bedeckt sind.
Bei Dachneigungen bis zu drei Grad müssen Sie allerdings bereichsweise mit stehendem Wasser rechnen. Eine konstruktionsbedingte Pfützenbildung, beispielsweise an Überlappungen der Dachabdichtung oder im Rahmen der Toleranzen von Decken, ist für Umkehrdächer jedoch zulässig. Die Dacheinläufe müssen zu Revisionszwecken jederzeit ohne zusätzlichen Aufwand zugänglich sein.

Entwässerung bei Dachbegrünungen

Bei Dachbegrünungen müssen Sie sicherstellen, dass begrünte und nicht begrünte Dachteilflächen einwandfrei entwässert werden. Die Entwässerung muss sowohl durch den Schichtaufbau als auch auf dessen Oberfläche dauerhaft wirksam sein.

Luftdichte Gebäudehülle vermeidet Wärmeverlust

Die technische Ausführung der Luftdichtheit wird aufgrund der immer höheren Anforderungen an den Wärmeschutz von Gebäuden entsprechend der Energieeinsparverordnung (EnEV) sowie der DIN V 4108-7 „Wärmeschutz und Energie-Einsparung in Gebäuden“ zunehmend wichtiger.
Energieeffizient geplante und ausgeführte Gebäude verfügen deshalb nicht nur über eine sehr gute Wärmedämmung aller Außenbauteile, sondern auch über eine entsprechend angepasste Luftdichtheit der Gebäudehülle. Damit soll ein unnötiger Wärmeverlust über Fugen und Anschlussbereiche vermieden werden.

Allerdings funktioniert dann die bei Altgebäuden ursprünglich häufig vorhandene Fugenlüftung, beispielsweise durch undichte Fenster, Türen oder Dachflächen, nicht mehr. Dennoch muss jedes Gebäude in Abhängigkeit von seiner Nutzung auch ausreichend gelüftet werden können. Künftig werden Sie deshalb Lüftungsanlagen oder Fenster mit integrierter Raumlüftung auch in Wohngebäuden immer häufiger vorfinden.

Fugenlüftung und Fensterlüftung haben Nachteile

Die Fugenlüftung allein kann eine angemessene Raumlüftung nicht gewährleisten, denn an windarmen und milden Tagen reicht sie nicht aus. An windigen und kalten Tagen dagegen entsteht durch Winddruck Zugluft, zusätzlich trocknet die Raumluft durch den hohen Luftaustausch stärker aus und auch der Heizwärmeverlust erhöht sich. Strömt warme Raumluft über undichte Stellen durch die kältere Baukonstruktion nach außen, kann sich aufgrund der Kondensation im Bauteil Feuchtigkeit anreichern und Schimmel an den kalten Bauteilflächen (Fensterglas, Fenster- und Türrahmen, Raumecken usw.) bilden. Luftundichtheiten mindern außerdem den Lärmschutz nach außen sowie zwischen Wohnungen. Dagegen werden bei einer technisch fachgerecht ausgeführten luftdichten Bauweise die aufgezählten Nachteile weitgehend vermieden. Luftdichtheit ist daher auch ein Qualitätsmerkmal für Gebäude.
Zur Raumluftverbesserung und Ableitung von Feuchtigkeit, Gerüchen und CO_2 muss ein Luftaustausch möglich sein. Traditionell wird dieser in den meisten Gebäuden durch geöffnete Fenster herbeigeführt. Der Nachteil dieser Lüftungsart ist, dass sich jemand darum kümmern muss – und beispielsweise bei Starkregen die Fenster schließt. In der kalten Jahreszeit geht zudem durch permanentes Öffnen der Fenster sehr viel teure Wärme verloren. Andererseits bleiben die Fenster meist geschlossen, wenn niemand anwesend ist, wodurch der Luftaustausch unterbunden wird. Mechanisch wirkende Lüftungsanlagen haben dagegen den Vorteil, dass sich mit ihnen ein permanenter Luftaustausch einstellen lässt.

Abluftanlagen

Bei Abluftanlagen führt ein Ventilator Luft aus den Räumen ab, in denen besonders viel Feuchtigkeit und Gerüche erzeugt werden, also Bad, WC, Küche, Hausarbeitsraum und Waschküche. Durch den Ventilator entsteht in der Wohnung ein leichter Unterdruck und Luft strömt von außen durch sogenannte Außenwanddurchlässe, die in die Fenster oder die Außenwand fest eingebaut sind, herein. Bei dieser Nutzung ist eine luftdichte Außenhülle unbedingt erforderlich, damit die Außenluft auch sicher über die Außenwanddurchlässe nachströmt. Dringt Luft dagegen durch undichte Stellen ein, ist der notwendige

Unterdruck nicht mehr vorhanden und die Luftzufuhr in anderen Räumen wird gemindert.

Zu- und Abluftanlagen mit Wärmerückgewinnung

Bei Zu- und Abluftanlagen mit Wärmerückgewinnung sorgt ein zweiter Ventilator für eine ausreichende Lüftung der Wohn- und Schlafräume. Dabei werden Zu- und Abluft in einem Wärmetauscher so aneinander vorbei geleitet, dass die Wärme aus der Abluft die kältere Zuluft erwärmt. Eine solche Wärmerückgewinnung verringert den Wärmeverlust, außerdem wird die Zuluft auf angenehme Temperaturen vorgewärmt. Aus Gründen der Wirtschaftlichkeit muss bei einer solchen Anlage die Gebäudehülle unbedingt luftdicht sein, denn andernfalls kommt es zu einem unkontrollierten Luftaustausch. Das wirkt sich energetisch besonders negativ aus, weil durch die Fugen kalte Luft, die nicht vorgewärmt ist, einströmt und durch die Raumheizung aufgeheizt werden muss.

Anforderung der EnEV

Die Energieeinsparverordnung (EnEV) fordert, dass die „wärmeübertragende Umfassungsfläche einschließlich der Fugen dauerhaft luftundurchlässig entsprechend den anerkannten Regeln der Technik abgedichtet ist". Ähnliche Anforderungen findet man auch im Teil 2 der DIN 4108. Im Januar 2009 erschien der Entwurf „Luftdichtheit von Gebäuden, Anforderungen, Planungs- und Ausführungsempfehlungen sowie -beispiele" als Neuausgabe der DIN 4108 Teil 7. In diesem Entwurf wird auch auf die besondere Problematik hinsichtlich der Einhaltung von Höchstwerten aufmerksam gemacht: „Selbst bei Einhaltung der genannten Grenzwerte sind lokale Fehlstellen in der Luftdichtheitsschicht möglich, die zu Feuchteschäden durch Konvektion führen können. Die Einhaltung der Grenzwerte ist somit kein hinreichender Nachweis für die sachgemäße Planung und Ausführung eines einzelnen Konstruktionsdetails, beispielsweise eines Anschlusses oder einer Durchdringung." Deshalb sollten Sie bei der Ausführung am Objekt fehlerhafte Anschlüsse nicht nur grundsätzlich vermeiden, sondern sie auch aufspüren und nachbessern. So vermeiden Sie einerseits Zugluft im Raum, andererseits aber auch den schleichenden Verlust an Wärmeenergie und die daraus resultierenden höheren Heizkosten.

Planung und Koordination überwachen

Die DIN 4108 fordert generell: „Beim Herstellen der Luftdichtheitsschicht ist auf eine sorgfältige Planung, Ausschreibung, Ausführung und Abstimmung der Arbeiten aller am Bau Beteiligten zu achten. Es ist zu beachten, dass die Luftdichtheitsschicht und ihre Anschlüsse während und nach dem Einbau weder durch Witterungseinflüsse noch durch nachfolgende Arbeiten beschädigt werden." Planer und Bauleiter stehen damit in der Pflicht, eine sorgfältige Koordination der Arbeiten zu überwachen und die fachgerechte Ausführung zu kontrollieren.

EXPERTENTIPP

Luftdichtheit nach Wasser- und Elektroinstallation prüfen

Richten Sie Ihr Augenmerk besonders auf die Ausführung der Trink- und Abwasser- sowie Elektroinstallation. Vor allem im Innenausbau werden die Leitungen oft erst nach Ausführung der Luftdichtheit verlegt. Dadurch entstehen Durchdringungen, die sofort luftdicht geschlossen werden müssen, insbesondere bei der Elektroinstallation, wenn beispielsweise Leerrohre verlegt werden. Lassen Sie die gesamte Installation deshalb besser innerhalb der luftdichten Gebäudehülle verlegen. Dabei darf die Installation nicht mehrfach die luftdichte Hülle durchdringen.

Lückenlose luftdichte Gebäudehülle ist Aufgabe des Planers

Aufgabe des zuständigen Planers ist es, eine lückenlose luftdichte Gebäudehülle zu konzipieren. Bei Mehrfamilienhäusern müssen Sie zusätzlich darauf achten, die einzelnen Wohnungen untereinander und gegen das Treppenhaus luftdicht abzuschließen. Für jedes Bauteil wird festgelegt, welche Materialschicht die Funktion der Luftdichtheit übernimmt.

- Betonbauteile, die nach DIN 1045-2 hergestellt werden, als luftdicht.
- Bei Mauerwerk soll eine Putzlage dafür sorgen, dass die Konstruktion luftdicht ist.
- Im Holz- oder Trockenbau gelten Folien aus Kunststoff, Elastomeren, Bitumen und Papierwerkstoffen, die allerdings nicht perforiert werden dürfen, als luftdicht.
- Gipsfaserplatten, Gipskarton-Bauplatten, Faserzementplatten, Bleche und Holzwerkstoffplatten sind dagegen erst luftdicht, wenn gesonderte Maßnahmen im Bereich der Stöße, Anschlüsse und Durchdringungen ausgeführt wurden.

Nicht luftdicht sind beispielsweise Trapezbleche im Bereich der Überlappungen, Nut-Feder-Schalungen, Platten als raumseitige Bekleidung im Bereich von

Anschlüssen und Durchdringungen sowie poröse Weichfaserplatten und Holzwolleleichtbauplatten.

Probleme bei Altbauten

Bei Altbauten mit Wärmedämmung können Probleme auftreten, wenn Sie den vorhandenen alten Außenputz als Luftdichtheitsschicht verwenden, weil z.B. im Mauerwerksbau eine lückenlose Luftdichtheit auf der Raumseite nicht hergestellt werden kann. Denkmalgeschützte Gebäude und Fachwerk- bzw. Leichtbauten haben oft eine raumseitig angeordnete Beplankung aus GK- oder ähnlichen Platten, die als Luftdichtheitsschicht betrachtet werden. Hier müssen Sie besonders bei der Verlegung der Elektroinstallation auf Undichtheiten achten.

Erstellung eines Lüftungskonzeptes erforderlich

Schon seit Jahren weiß man, dass der notwendige Luftaustausch in Wohngebäuden problematisch ist. Denn wegen der vorgeschriebenen energiesparenden Bauweise sind die Gebäudehüllen so dicht, dass bei üblichem Lüftungsverhalten nicht ausreichend Luft nachströmt. Bekannte Folgen sind Feuchteschäden und – besonders in sanierten Gebäuden – Schimmelbefall.
Deshalb verlangt die neue DIN 1946-6 nunmehr die Erstellung eines Lüftungskonzeptes für Neubauten und renovierte Häuser. Planer und Handwerker müssen also festlegen, wie der notwendige Luftaustausch erfolgen kann. Bei Sanierungen wird ein Lüftungskonzept vorgeschrieben, wenn im Ein- und Mehrfamilienhaus mehr als ein Drittel der vorhandenen Fenster ausgetauscht bzw. bei Einfamilienhäusern mehr als ein Drittel der Dachfläche abgedichtet wird.

Lüftungsstufen

Wesentlich in der Norm ist die Festlegung von Lüftungsstufen unterschiedlicher Intensität. Dient die Lüftung nur dem Feuchteschutz (Stufe 1), müssen Sie die Luftwechselrate beachten, die bei minimaler Nutzung der Wohnung erfolgen muss, um Feuchteschäden und Schimmelpilzbefall zu vermeiden. Dieser Schutz muss ständig und nutzerunabhängig gewährleistet sein. Die nächste Stufe ist die reduzierte Lüftung bei wenig genutzten Wohneinheiten – die sogenannte Nennleistung bei Normalbetrieb. Die Intensivlüftung schließlich soll für den Abbau von Lastspitzen sorgen.

Welche Faktoren beim Lüftungskonzept einfließen

Faktoren, die bei der Erarbeitung des vorgeschriebenen Lüftungskonzeptes zum Feuchteschutz mit in die Berechnung einfließen, sind unter anderem der Dämmstandard, die Bauweise sowie die Lage und Größe des Gebäudes. Daraus

ergeben sich Hinweise, mit welchen Undichtheiten in der Gebäudehülle Sie rechnen müssen. Aus der Wohnfläche ergibt sich die zu erwartende Belastung. In Abhängigkeit von der örtlichen Lage des Gebäudes müssen Sie aber auch die Windbelastung beachten.
Reicht gemäß der Berechnung die Luftzufuhr über Undichtheiten nicht aus, um die Lüftung zum Feuchteschutz sicherzustellen, müssen Sie lufttechnische Maßnahmen vorsehen. Das kann die zusätzliche Lüftung über Luftschächte oder außenwandig angeordnete Luftdurchlässe sein oder eine technische Lüftungsanlage mit Ventilatoren. In jedem Fall muss die Lüftung nutzerunabhängig erfolgen, d.h., Sie dürfen für diese Lüftungsstufe nicht die Fensterlüftung durch die Bewohner einplanen.

Luftdichte erhöhen durch minimierte Anzahl von Durchdringungen

Die heute üblichen hohen Anforderungen an den Wärmeschutz von Gebäuden nach EnEV 2009 betreffen auch die Bauwerkskonstruktion. Somit müssen auch Architekten und vor allem Handwerker auf die Luftdichtheit der Bauteile achten. Durch eine abgestimmte, fachgerechte Planung kann beispielsweise die Anzahl der Durchdringungen minimiert werden. Die Nähte und Stöße bei An- und Abschlüssen sollten mit großer Sorgfalt absolut luftdicht ausgeführt werden. Lassen Sie sich auch garantieren, dass die Luftdichtheit dauerhaft ist. Leider muss man in der Praxis immer wieder feststellen, dass besonders in diesen Arbeitsbereichen die handwerkliche Ausführung fehlerhaft ist – egal ob aus Zeitmangel oder Unwissenheit. Später treten dann häufig teure Bauschäden auf.

Die Begriffe *Winddichtigkeit* und *Luftdichtigkeit* werden oft verwechselt bzw. falsch interpretiert.

Eine *winddichte Schicht* befindet sich konstruktiv immer unter der Dacheindeckung oder der Fassadenbekleidung. Sie soll verhindern, dass Luft von außen ins Gebäudeinnere eindringt. Im Bereich von Sogströmungen gilt das entsprechend in umgekehrter Richtung. Winddichte Schichten sollten immer dampfdurchlässig sein, damit mögliche Feuchte, die sich in der Konstruktion gebildet hat, diffundieren kann. Eine Ausnahme bilden wasserdicht ausgeführte Unterkonstruktionen bei Dach und Fassade, die generell als dampfdicht gelten. Verarbeitungstechnisch lässt sich eine außen angeordnete Winddichtung einfacher einbauen als die innenliegende Luftdichtheitsebene. Die Winddichtigkeit ist bisher nicht genormt und wird deshalb nicht grundsätzlich gefordert.

Die *Luftdichtheitsschicht* soll das Eindringen feuchter Innenraumluft in die Konstruktion verhindern. So werden Bauschäden durch Feuchteansammlung minimiert und gleichzeitig Heizwärmeverluste reduziert. Eine absolut dichte und dauerhafte Ausführung ist hier sehr wichtig. Wie gut die Luftdichtheit eines Gebäudes wirklich ist, können Sie mit einem Blower-Door-Test ermitteln.

Luftdichte Folien auf der Raumseite einer Wärmedämmung

Wird die wärmeübertragende Umfassungsfläche eines Gebäudes durch Verschalung oder gestoßene, überlappende bzw. plattenartige Bauteile gebildet, müssen Sie über die gesamte Fläche eine ausreichend luftdichte Schicht einbauen. Eine Ausnahme besteht, wenn eine bereits vorhandene Bauteilschicht wie z.B. eine Betonaußenwand und/oder Stahlbetondecke aus Ortbeton diese Funktion übernimmt.

Bei Dächern und Fassaden mit Wärmedämmung sollten Sie die Luftdichtheitsschicht auf der Raumseite der Wärmedämmung anordnen. Dazu eignen sich beispielsweise luftdichte Folien mit werkstoffgerecht verklebten Nähten und Stößen oder luftdichte Platten mit dauerhaft geschlossenen Fugen und Stößen. Befestigungen für innere Bekleidungen oder die Folien selbst sind unvermeidbar. Allerdings müssen sie werkstoffgerecht überklebt, abgedeckt oder verspachtelt werden. Innere Bekleidungen aus kleinformatigen Platten, Schalungen, Paneelen oder Profilblechen sind ohne zusätzliche konstruktive Maßnahmen als luftdichte Schicht nicht geeignet.

Luftdichtheitsschicht kann als Dampfsperre verwendet werden

Die Luftdichtheitsschicht kann ggf. gleichzeitig als Dampfsperre verwendet werden. Es gibt Dampfsperren mit einem nahezu konstanten Sperrwert (z.B. Polyethylen) und solche mit variablem Sperrwert (z.B. Polyamid). Materialien mit variablem Sperrwert können durch einen entsprechenden Molekularaufbau in Abhängigkeit von der umgebenden Feuchtigkeit und/oder Temperatur ihre Wasserdampfdiffusionswiderstandszahl μ verändern. Den μ-Wert eines Stoffs können Sie den Herstellerangaben bzw. der DIN V 4108-4 entnehmen. Achten Sie bei Nähten, Stößen, An- und Abschlüssen sowie Durchdringungen auf eine dauerhaft sichere Verbindung zwischen den Dampfsperrbahnen und der Dampfsperrbahn mit dem angeschlossenen Bauteil.

Materialien die den Regeln für Abdichtung entsprechen

Gemäß den „Regeln für Abdichtungen“ des Deutschen Dachdeckerhandwerks lassen sich luftdichte Schichten im wärmedämmenden Dach mit unterschiedlichen Materialien und Dicken herstellen.
Entsprechende Empfehlungen gibt es in Österreich von der Bundesinnung der Dachdecker und Pflasterer. Die jeweils zuständige Norm DIN V 4108-7 für Deutschland und ÖNORM B 8110-1 für Österreich fordert, dass die verwendeten Materialien für Baukonstruktionen übliche bauliche Bewegungen aufnehmen können. Andernfalls müssen Sie mögliche Bewegungen konstruktiv berücksichtigen. Um eine dauerhafte Luftdichtheit zu gewährleisten, müssen Sie beispielsweise eine ausreichende Haftung zwischen den verwendeten Materialien sicherstellen. Die Schadensanfälligkeit durch unzureichende Haftung, z.B. im Fugenbereich oder bei Anschlüssen, ist leider immer noch sehr groß.

- Verwendet werden dürfen luftdichte Bahnen, unter anderem aus Kunststoff, Elastomeren, Bitumen und Papierwerkstoffen, die nicht perforiert sein dürfen. Perforierungen, die durch Befestigungsmittel wie Nägel, Klammern oder Schrauben herbeigeführt werden, sind jedoch zulässig. Allerdings müssen diese Perforierungen auch luftdicht abgedichtet werden.
- Ebenfalls verwendet werden dürfen Gipsfaserplatten, Gipskarton-Bauplatten, Faserzementplatten, Bleche und Holzwerkstoffplatten, soweit sie vom Hersteller normgemäß als luftdicht ausgewiesen sind. Mit diesen Plattenmaterialien lässt sich in der Fläche eine Luftdichtheitsschicht herstellen. Gesonderte Maßnahmen müssen Sie im Bereich von Stößen, Anschlüssen und Durchdringungen ergreifen (siehe unten und DIN V 4108-7, Absatz 7.3).

Als undicht im Sinne der Norm gelten Trapezbleche im Bereich der Überlappungen, Nut-Feder-Schalungen, poröse Weichfaser- und Holzwolleleichtbauplatten sowie Platten als raumseitige Bekleidung im Bereich von Anschlüssen und Durchdringungen. Nach DIN V 1045-2 hergestellte Betonbauteile und Mauerwerk mit einer Putzlage werden dagegen als luftdicht eingeschätzt.

Dauerhafte und werkstoffgerechte Luftdichtheit an Nähten und Stößen

Die Luftdichtheit muss bei den verwendeten Materialien besonders an Nähten und Stößen, bei An- und Abschlüssen sowie bei Durchdringungen werkstoffgerecht und dauerhaft gewährleistet sein. Als Dichtungsmaterialien können Sie konfektionierte Schnüre, Streifen, Bänder, Klebebänder und Spezialprofile

einsetzen. Bei Dichtungsbändern wird die Luftdichtheit erst durch eine ausreichende Komprimierung erreicht.
Fugenfüllmaterialien wie beispielsweise Montageschäume sind aufgrund ihrer Eigenschaften nicht oder nur in eingeschränktem Maße in der Lage, Schwind- und Quellbewegungen sowie andere Bauteilverformungen aufzunehmen. Sie sind deshalb nicht zur Herstellung der geforderten Luftdichtheit geeignet. Fugendichtmassen müssen entsprechend ihrer Dehnung und der zu erwartenden Bewegungen der angrenzenden Bauteile ausreichend dimensioniert werden.

Erneuerbare Energien effizient einsetzen

Über die Hälfte der gesamten Energie, die in Deutschland verbraucht wird, dient zur Erzeugung von Wärme. Doch nur etwas mehr als sechs Prozent dieses Bedarfs werden durch erneuerbare Energien abgedeckt, der Rest durch fossile Brennstoffe wie Erdgas, Heizöl und Kohle. Um die Umwelt zu schonen, aber auch um Kosten zu sparen, sollten Sie langfristig auf erneuerbare Energien setzen.

Kombination: Erneuerbaren Energien plus Wärmedämmung

Wenn Sie die Kosten für Heizung und Warmwasser Ihres Gebäudes langfristig reduzieren und sich vor den Preisschwankungen des Erdgas- und Heizölmarktes schützen möchten, kommen Sie am Einsatz alternativer Energiekonzepte nicht vorbei. Doch das allein bringt noch nicht den gewünschten Effekt. Um die Heizanlage wirtschaftlich zu betreiben, müssen Sie Ihr Haus so umbauen, dass es luft- und winddicht und der Wärmeverlust über die Umhüllungsflächen (Außenwände, Dach, Keller) so niedrig wie technisch möglich ist.

PRAXISBEISPIEL

Investitionskosten einer Solarthermieanlage

Die Investitionskosten beispielsweise einer Solarthermieanlage für ein durchschnittliches Einfamilienhaus betragen beispielsweise rund 2.700 Euro. Bei einem Mehrfamilienhaus mit acht Wohnungen liegen diese Kosten bei rund 11.800 Euro, das entspricht etwa 1.475 Euro pro Wohneinheit.

Mit einer solchen Anlage sparen Sie aber etwa 900 Euro Brennstoffkosten pro Jahr. Die Investitionskosten fallen einmalig an, die Brennstoffkosten sparen Sie dagegen so lange, wie Sie die Anlage nutzen. Experten gehen heute davon aus, dass die Lebensdauer einer modernen Anlage bei mindestens 20 Jahren liegt.

Große Einsparpotenziale: Geothermie und Umweltwärme plus Wärmepumpe

Das größte Einsparpotenzial besteht übrigens momentan bei der Nutzung von Geothermie und Umweltwärme mittels einer Wärmepumpe. Je nach Größe und Wohnungszahl können Sie damit gegenüber herkömmlichen Heizsystemen mit Erdgas oder Heizöl die Betriebskosten um 10 Prozent und mehr senken. Zudem sind Sie nicht mehr von externen Lieferanten abhängig und können so die Nebenkosten wesentlich überschaubarer festlegen und auf lange Zeit planen.
In den folgenden Kapiteln finden Sie allgemein gültige Informationen, die es Ihnen ermöglichen, eine gewisse Vorauswahl zu treffen, und die Basis für ein informatives Gespräch mit einem Fachmann vor Ort bilden.

Nutzen Sie Beratungsangebote

Die Energieeffizienz für ein Gebäude können Sie am besten mit Hilfe von Beratungsangeboten feststellen. Im Internet finden Sie z.B. einen kostenlosen interaktiven Modernisierungsratgeber des Bundesumweltministeriums (www.klima-sucht-schutz.de).
Das Bundesministerium für Wirtschaft und Technologie bietet mit dem Förderprogramm „Energiesparberatung vor Ort“ eine individuelle, professionelle Energieberatung (www.bafa.de). Viele weitere Internetadressen für Beratungsangebote finden Sie im Anhang.

Checkliste: Datensammlung für die Energieberatung

Baujahr des Gebäudes	
Wurde das Gebäude umgebaut oder erweitert?	
Gibt es Baupläne zum Gebäude?	
Gibt es Grundrisse der Etagen?	
Gibt es Gebäudeschnitte?	
Gibt es Ansichten?	
Ist eine Baubeschreibung vorhanden?	
Wurden für das Gebäude bereits Berechnungen zum Wärmeschutznachweis bzw. eine Wärmebedarfsberechnung durchgeführt?	
Wurden bereits Wärmeschutzmaßnahmen oder andere Sanierungen am Gebäude ausgeführt?	
Wurden Fenster mit besserem Wärmeschutz eingebaut?	
Falls ja, wann?	
Sind die Konstruktionen und Dämmwerte der folgenden Bauteile bekannt?	
• Wärmedämmung von Fassadenteilen:	
• Wärmedämmung der Kellerdecke:	
• Wärmedämmung der obersten Geschossdecke:	
Anzahl der Wohnungen im Gebäude:	
beheizte Fläche insgesamt (in m^2):	
beheizte Wohnfläche (in m^2):	
Anzahl der Vollgeschosse (ohne Dach und Keller):	
Das Gebäude ist:	
• frei stehend	
• eine Reihenbebauung	
• ein Hochhaus	
• eine Siedlungsbebauung	
• ein Stadthaus mit Nachbarbebauung	
• eine Bebauung über 500 m NN	
Gibt es im Gebäude Feuchteprobleme und/oder Schimmelbefall?	

Mit welcher Anlagentechnik ist das Gebäude ausgestattet?	
• zentrale Heizanlage für Raumheizung	
• Anschluss an Fernwärme	
• Heizanlagen für Heizung und Warmwasser	
• Einzelöfen, Gasetagenheizung	
• alter Koks-/Kohlekessel	
• Ölheizanlage	
• Gasheizanlage (Erdgas)	
• Gasheizanlage (Stadtgas)	
• Holzheizung	
• Holzpelletheizung	
• Nutzung von Erdwärme (Geothermie)	
• Solaranlage nur für Brauchwasser	
• Solaranlage für Gebäudeheizung	
• Lüftungsanlage, Klimaanlage	
• Elektroheizung	
• Sonstiges	
Welche Heizflächen sind im Gebäude vorhanden?	
• Einzelheizkörper	
• Fußbodenheizung	
• Deckenheizung, Wandflächenheizung	
• Warmluftumwälzung mit Gebläse	
Sind Unterlagen zur Anlagentechnik (Heizungsschema, Berechnungsunterlagen, Kesseldaten, Angaben zu Umwälzpumpen usw.) vorhanden?	
Wie hoch war der Energieverbrauch der letzten drei Jahre?	
Liegt Ihnen das aktuelle Schornsteinfegerprotokoll vor?	
Bei einer örtlichen Begehung sollte jemand dabei sein, der sich im Gebäude und auch mit der Haustechnik auskennt, z.B. der Hausmeister oder -verwalter.	
Ansprechpartner dafür ist:	

Sind für die Begehung die Schlüssel aller Räume des Gebäudes vorhanden?	
Sie sollten möglichst drei Wohnungen begehen können.	
1. Wohnungs-Nr., Geschoss, Aufgang:	
Name des Mieters:	
2. Wohnungs-Nr., Geschoss, Aufgang:	
Name des Mieters:	
3. Wohnungs-Nr., Geschoss, Aufgang:	
Name des Mieters:	

Sonnenenergie zur Warmwasserbereitung nutzen

Mit Sonnenenergie ist hier nicht die Photovoltaik gemeint, bei der Solarzellen die Sonnenstrahlung unmittelbar in elektrischen Strom umwandeln. Es geht vielmehr um Solarkollektoren, mit denen man die Wärme der Sonne gezielt nutzen kann, um Wasser zu erwärmen. Bei allen entsprechend gedämmten Gebäuden, die den Anforderungen der Energieeinsparverordnung (EnEV) entsprechen, können Sie Wohnungen über Solarkollektoren mit warmem Trinkwasser versorgen und zusätzlich die Raumheizung unterstützen. So sparen Sie über Jahrzehnte hinweg Brennstoff, und das nicht nur im Sommer, sondern auch an den sonnenarmen Tagen der Übergangsmonate und sogar im Winter. Solarkollektoren können Sie auf dem Dach und in der Fassade anbringen oder separat auf dem Grundstück aufstellen. Für einen optimalen Einsatz sollte das Gebäude oder Grundstück dazu möglichst nicht zu sehr im Schatten liegen.

Kombination von Solarenergie mit zusätzlichen Heizsystemen

Eine energetische Vollversorgung mit Solarenergie ist bislang in unseren Breitengraden leider noch nicht möglich. Deshalb werden Solaranlagen immer in Kombination mit zusätzlichen Heizsystemen eingesetzt. In der Industrie arbeitet man jedoch daran, die Systemkomponenten zu verbessern und so eine größere und effektivere Nutzungsausbeute zu ermöglichen.

So funktionieren solarthermische Anlagen

Bei solarthermischen Anlagen wandeln Solarkollektoren, die meist auf dem Dach installiert sind, die Sonnenstrahlung in nutzbare Wärme um. Der in den Kollektoren vorhandene Wärmeträger – oft ein Wasser-Frostschutz-Gemisch – nimmt die Wärmeenergie auf und transportiert sie über eine Umwälzpumpe in einen Warmwasserspeicher, der sich normalerweise im Heizraum befindet. In diesem Speicher gibt die Trägerflüssigkeit die in ihr gespeicherte Wärme über einen Wärmetauscher an das Heizwasser (Trinkwasser) ab und wird zurück zum Kollektor geführt. Der Warmwasserspeicher enthält einen zweiten Wärmetauscher, mit dem das Wasser in Zeiten geringer Sonneneinstrahlung durch den Heizkessel weiter erwärmt wird. Der Wärmeträger ist durch ein eigenständiges Rohrsystem vollständig vom Trinkwasserkreislauf getrennt. Er sorgt in Frostperioden dafür, dass die Kollektoren nicht einfrieren und dadurch beschädigt werden.

Einsparpotenzial

Etwa 60 bis 70 Prozent des jährlichen Energiebedarfs für die Warmwasserbereitung können Sie mit Solaranlagen einsparen. Je nach Dimensionierung der Anlage können Sie damit auch den Energiebedarf für die Gebäudeheizung abdecken und in Abhängigkeit von der Ausführung und dem Zustand der Wärmedämmung des Gebäudes bis zu 20 Prozent des gesamten Heizenergiebedarfs einsparen.

Heizen mit Holz

Holz ist ein natürlicher, nachwachsender und CO_2-neutraler Rohstoff. Denn bei der Verbrennung wird nur so viel Kohlendioxid abgegeben, wie zuvor vom Baum gebunden und in Biomasse umgewandelt wurde.
In Einfamilienhäusern werden zunehmend Einzelöfen mit Holzbefeuerung aus heimischem Nutzholz eingesetzt. Bei kleineren Wohngebäuden können Sie eine Holzheizung als alleinige Raumheizung nutzen. Für größere Wohngebäude oder komplette Wohnanlagen hat sich dagegen mittlerweile die moderne Holzpelletheizung bewährt. Die dafür genutzten Holzpellets sind naturbelassenes, zerkleinertes und in eine einheitliche Größe gepresstes Material, das einfach und vollautomatisch in speziellen Heizanlagen eingesetzt wird. Die Anlagen können bei Altbauten problemlos nachträglich eingebaut werden. Die dafür notwendige Technik ist heute ausgereift und arbeitet energieeffizient und klimaschonend.
Die Holzpellets werden im Heizraum über ein Schneckengetriebe oder eine Saugleitung automatisch zum Brenner transportiert. Zur Lagerung müssen geeignete trockene Räume im oder am Gebäude vorhanden sein. Bei Altbauten kommt dafür beispielsweise der ehemalige Öllagerraum infrage. Sie können aber auch auf dem Grundstück einen entsprechend druckfesten Lagerraum bauen oder industriell vorgefertigte Pellettanks in das Erdreich einlassen.
Angeliefert werden Pellets ähnlich wie Heizöl mit einem speziellen Tankwagen. Dieser leert seine Fracht über einen Schlauch mit Druckluft in den Lagerraum.

Deshalb muss die für das Fahrzeug notwendige Anfahrmöglichkeit auf dem Grundstück vorhanden sein oder neu geschaffen werden.

Wärmepumpen

Natürlich vorkommende Wärmeenergie kann mit einer Wärmepumpe auch ohne eine Feuerstelle genutzt werden. Das Gerät arbeitet im Prinzip wie ein Kühlschrank, der über einen elektrisch betriebenen Motor Wärme aus dem Innenraum abzieht und nach außen ableitet. Wärmepumpen entziehen der Umgebungsluft, dem Grundwasser oder dem Erdreich Energie und wandeln diese in Wärme für den Heizkreislauf um. In Deutschland werden bei größeren Wohn- oder Bürogebäuden am häufigsten Erdwärmepumpen eingesetzt. Diese ziehen über Erdkollektoren oder Sonden, die im Erdreich verlegt sind, die Umgebungswärme aus dem Boden und leiten sie umgewandelt in den Heizkreislauf des Gebäudes.
Um oberflächennahe Erdwärme zu nutzen, werden Wärmetauscher (horizontale Erdwärmekollektoren) im Erdreich verlegt. Dafür muss ausreichend Grundstücksfläche vorhanden sein. Ist das nicht der Fall, können Sie Erdsonden, Energiepfähle, Grundwasserbrunnen und erdberührende Betonbauteile (z.B. Kellerfußböden und -wände) als Wärmetauscher nutzen.
Für die Gebäudeheizung haben sich Fußboden- oder Flächenheizungen in Kombination mit einer Wärmepumpe bewährt. Unabhängig von Wind und Wetter liefern diese Geothermieanlagen zuverlässig Wärmeenergie.

EXPERTENTIPP

Stromkosten der Wärmepumpe kalkulieren

Wärmepumpen werden mit elektrischem Strom betrieben. Je nach Größe der Anlage kann das zusätzlich beträchtliche Kosten verursachen. Deshalb sollten Sie bereits bei der Vorkalkulation und Planung mit dem örtlich zuständigen Stromlieferanten einen günstigen Tarif aushandeln und langfristig festschreiben. Erfahrungsgemäß liefern effiziente Anlagen bei fachgerechter Planung, sachgemäßem Einbau und richtiger Einstellung aber mehr als dreimal so viel Heizenergie aus der Umwelt, wie sie Strom zum Betrieb benötigen.

Kraft-Wärme-Kopplung

Bei der Kraft-Wärme-Kopplung werden die bei der Verbrennung im Heizkessel entstandenen Abgase nicht einfach „durch den Schornstein geblasen". Mit der in ihnen enthaltenen Restwärme (Prozesswärme) wird Strom erzeugt, der entweder

direkt genutzt oder in das öffentliche Stromnetz eingespeist wird. Das Spektrum der elektrischen und thermischen Leistung von KWK-Anlagen reicht von wenigen Kilowatt bis zu einigen Megawatt. Im Gegensatz zu thermischen Heizanlagen, die nur auf Wärmeerzeugung ausgelegt sind, wird bei KWK-Anlagen durch die gleichzeitige Abgabe von Strom ein sehr viel höherer Nutzungsgrad von bis zu 90 Prozent erzielt, wodurch Brennstoff eingespart werden kann.
Doch nicht nur wegen des sparsamen Einsatzes von Brennstoffen gilt die Kraft-Wärme-Kopplung als effiziente Form der Energieversorgung. Ein weiterer Vorteil ist der geringe Ausstoß von Schadstoffen. Die KWK lässt sich zudem mit den in den meisten Wohngebäuden vorhandenen Öl- oder Gasheizungsanlagen einfach kombinieren, was zu einer Reduzierung des Heizenergieeinsatzes um 50 Prozent und mehr führen kann. Die Industrie bietet dafür seit geraumer Zeit sofort einsetzbare Bauteile an. Seit 2008 werden Mini-KWK-Anlagen außerdem durch staatliche Zuschüsse gefördert. Es gibt also viele Gründe, die Kraft-Wärme-Kopplung zu nutzen und dadurch Energie zu sparen.

Biogasanlagen

In einer Biogasanlage wird Biogas aus Biomasse erzeugt. Ein Nebenprodukt ist Dünger. Meist wird das entstandene Gas zur Strom- und/oder Wärmeerzeugung in angeschlossenen Kleinkraftwerken, sogenannten Biogaskraftwerken, genutzt. Verwendet werden Rohstoffe wie Bioabfälle, Gülle, Klärschlamm, Fette oder Pflanzen, weshalb solche Anlagen fast nur in ländlichen Regionen zu finden sind. Dennoch gibt es mittlerweile Kommunen, die damit fast ihr gesamtes Dorf kostengünstig mit Energie versorgen. In städtischen Ballungsräumen wird Biogas dagegen nur selten erzeugt, eine Möglichkeit sind hier Kläranlagen. Für den allgemeinen Wohnungsbau werden Biogasanlagen jedoch sicherlich auch künftig kaum großflächig genutzt werden.

Fernwärme

Die Fernwärmeversorgung wird besonders in Ballungsräumen angeboten. Ein nachträglicher Anschluss kann durchaus auch für Altbauten wirtschaftlich sein. In einigen Kommunen sind Eigentümer jedoch aufgrund einer entsprechenden Satzung dazu gezwungen, ihre Immobilie an das vorhandene Fernwärmesystem anzuschließen. Deshalb sollten Sie sich frühzeitig vor dem Kauf erkundigen, ob solche Vorgaben existieren und eingehalten werden müssen. Die Fernwärme wird im Gebäude an einer sogenannten Übergabestation an die Gebäudezentralheizung abgegeben. Die technischen Einzelheiten dazu erfahren Sie von Ihrem regional zuständigen Wärmelieferanten.

✓ SCHRITT-FÜR-SCHRITT-GUIDE

Energiekosten senken

Egal ob Sie umbauen, sanieren oder modernisieren wollen – bei sorgfältiger Vorbereitung und sachkundiger Planung haben Sie immer die Möglichkeit, die laufenden Kosten für Heizenergie und Warmwasserbereitung zu minimieren.

Schritt 1: Legen Sie Ziele fest
Bereits im Vorfeld der Planung baulicher Umbau-, Sanierungs- oder Modernisierungsmaßnahmen sollten Sie alle Wunschvorstellungen schriftlich festhalten. Gehen Sie dabei jedoch nicht nur von Ihren eigenen Interessen aus, sondern befragen Sie alle Beteiligten. Das können Hausbesitzer, Hausverwalter, Wohnungsinhaber, Mieter, Hausmeister und andere Personen sein. Notieren Sie deren Wünsche und Vorstellungen, ohne sie zu bewerten. So erhalten Sie ein Energiewunschprofil, mit dem Sie weiterarbeiten können. ☐

Schritt 2: Prüfen Sie die Alternativen
Erkundigen Sie sich, welche erneuerbaren Energien für Ihr Bauvorhaben örtlich zur Verfügung stehen bzw. welche Möglichkeiten es für Sie gibt, auf alternative Energien umzusteigen. Beratungsstellen dafür sind meist bei den Landesministerien für Wirtschaft, Energie oder Bauen angesiedelt. Sie können aber auch die Internetseiten des Bundesbau- oder Bundesumweltministeriums konsultieren. Die örtlich zuständigen Baubehörden Ihrer Kommune helfen Ihnen ebenfalls weiter. ☐

Schritt 3: Sprechen Sie mit Fachleuten
Besprechen Sie das erstellte Energieprofil mit Fachleuten wie z.B. Energieberatern, Architekten, Sonderfachleuten, Bauunternehmen usw. Ziel dieser Vorgespräche ist es, eine finanziell machbare und wirtschaftlich vertretbare Basis für die zu planenden Maßnahmen zu definieren. Sie können aber auch eine Machbarkeitsstudie anfertigen lassen. ☐

Schritt 4: Schreiben Sie Ihre Qualitätsansprüche fest
Bereits im Auftrag des Fachberaters bzw. Unternehmens, das die jeweiligen Arbeiten ausführen soll, sollten Sie sämtliche Qualitätsstandards der Materialien und Leistungen einzeln benennen. Nur auf diese Weise können Sie während der Ausführungsphase oder nachträglich festgestellte Mängel oder Falschausführungen rechtsverbindlich reklamieren und beheben lassen. ☐

Schritt 5: Kontrollieren Sie die Baustelle
Nehmen Sie entweder persönlich die täglich notwendige Kontrolle auf der Baustelle vor oder beauftragen Sie einen unabhängigen Fachmann damit. Für die Qualität einer Ausführung ist es wichtig, das Sie den direkten Kontakt mit den ausführenden Unternehmen pflegen, sich so einen stetigen Überblick über den Fortschritt der zu erbringenden Leistungen verschaffen und Unklarheiten sofort beseitigen. ☐

Schritt 6: Führen Sie ein Bautagebuch
Oftmals wird das Führen eines Bautagebuches (handschriftlich oder am PC) als veraltet bzw. überholt betrachtet. Doch je präziser Sie den Bauzustand mit dem jeweiligen Datum notieren, desto sicherer können Sie sich im Nachhinein die Einzelheiten wieder vergegenwärtigen. Hilfreich sind dabei auch Fotos. ☐

Schritt 7: Lassen Sie Ausführungsfehler sofort beseitigen
Ist der Termindruck sehr hoch, werden gerade bei Altbauten mangelbehaftete Ausführungen oft übersehen. Deshalb ist es wichtig, dass Sie täglich kontrollieren. Entdecken Sie dabei Mängel, sollten Sie auf deren umgehende Beseitigung bestehen – und zwar schriftlich. So wahren Sie Ihre Rechtsposition und können jederzeit nachweisen, dass Sie eine Korrektur verlangt haben. Dies ist vor allem dann wichtig, wenn Sie später feststellen, dass die tatsächliche Energieeinsparung geringer ist als die vereinbarte. ☐

Wichtige Gesetze und Informationen zum Energieausweis

Das Erneuerbare-Energien-Wärmegesetz

Das Gesetz zur Förderung erneuerbarer Energien im Wärmebereich ist seit 2009 gültig. Auf den folgenden Seiten finden Sie Auszüge daraus zu Begriffsbestimmungen, zur Nutzungspflicht für Immobilienbesitzer und zu den entsprechenden Ausnahmen, zu Ersatz- und Fördermaßnahmen.

§ 2 Begriffsbestimmungen

(1) Erneuerbare Energien im Sinne dieses Gesetzes sind

1. die dem Erdboden entnommene Wärme (Geothermie),

2. die der Luft oder dem Wasser entnommene Wärme mit Ausnahme von Abwärme (Umweltwärme),

3. die durch Nutzung der Solarstrahlung zur Deckung des Wärmeenergiebedarfs technisch nutzbar gemachte Wärme (solare Strahlungsenergie) und

4. die aus fester, flüssiger oder gasförmiger Biomasse erzeugte Wärme. Die Abgrenzung erfolgt nach dem Aggregatzustand zum Zeitpunkt des Eintritts der Biomasse in den Apparat zur Wärmeerzeugung. Als Biomasse im Sinne dieses Gesetzes werden nur die folgenden Energieträger anerkannt:

a) Biomasse im Sinne der Biomasseverordnung vom 21. Juni 2001, geändert durch die Verordnung vom 9. August 2005, in der jeweils geltenden Fassung,

b) biologisch abbaubare Anteile von Abfällen aus Haushalten und Industrie,

c) Deponiegas,

d) Klärgas,

e) Klärschlamm im Sinne der Klärschlammverordnung vom 15. April 1992, zuletzt geändert durch Artikel 4 der Verordnung vom 20. Oktober 2006, in der jeweils geltenden Fassung und

f) Pflanzenölmethylester.

(2) Im Sinne des Gesetzes ist

1. Abwärme die Wärme, die aus technischen Prozessen und baulichen Anlagen stammenden Abluft- und Abwasserströmen entnommen wird,

2. Nutzfläche

a) bei Wohngebäuden die Gebäudenutzfläche nach § 2 Nummer 14 der Energieeinsparverordnung (EnEV) vom 24. Juli 2007 und der Ergänzung vom Oktober 2009 in der jeweils geltenden Fassung,

b) bei Nichtwohngebäuden die Nettogrundfläche nach § 2 Nummer 15 der EnEV,

3. Sachkundiger jede Person, die nach § 21 der EnEV zur Ausstellung von Energieausweisen berechtigt ist, jeweils entsprechend im Rahmen der für Wohn- und Nichtwohngebäude geltenden Berechtigungen,

4. Wärmeenergiebedarf die zur Deckung

a) des Wärmebedarfs für Heizung und Warmwasserbereitung sowie

b) des Kältebedarfs für Kühlung

jeweils einschließlich der Aufwände für Übergabe, Verteilung und Speicherung jährlich benötigte Wärmemenge; der Wärmeenergiebedarf wird nach den technischen Regeln berechnet, die den Anlagen der EnEV zugrunde gelegt werden,

5. a) Wohngebäude jedes Gebäude, das nach seiner Zweckbestimmung überwiegend dem Wohnen dient, einschließlich Wohn-, Alten- und Pflegeheime sowie ähnlichen Einrichtungen und

b) Nichtwohngebäude jedes andere Gebäude.

Pflicht zum Einsatz erneuerbarer Energien kann für Altbauten kommen

Das EEWärmeG legt fest, dass spätestens im Jahr 2020 vierzehn Prozent der Wärme in Deutschland aus erneuerbaren Energien stammen sollen. Bei Altbauten kann dazu die Nutzung erneuerbarer Energien für die Wärmeversorgung vorgeschrieben werden:

§ 3 Nutzungspflicht (Auszug)

(2) Die Länder können eine Pflicht zur Nutzung von Erneuerbaren Energien bei bereits errichteten Gebäuden festlegen. Als bereits errichtet gelten auch Gebäude nach § 19 Absatz 1 und 2.

Genutzt werden können alle Formen von erneuerbaren Energien, auch in Kombination.

§ 8 Kombinationen

(1) Erneuerbare Energien und Ersatzmaßnahmen nach § 7 können zur Erfüllung der Pflicht nach § 3 Absatz 1 untereinander und miteinander kombiniert

werden.

(2) Die prozentualen Anteile der tatsächlichen Nutzung der einzelnen Erneuerbaren Energien und Ersatzmaßnahmen im Sinne des Absatz 1 im Verhältnis zu der jeweils nach dem Gesetz vorgesehenen Nutzung müssen in der Summe 100 ergeben.

Ersatzmaßnahmen sind möglich

Da nicht jeder Bauherr oder Eigentümer erneuerbare Energien vor Ort nutzen kann und der Einsatz auch nicht immer sinnvoll ist, können Sie stattdessen andere klimaschonende Maßnahmen (sogenannte Ersatzmaßnahmen) ergreifen:

- Nutzen Sie Abwärme. Damit wird die Wärme bezeichnet, die bereits unter Einsatz von Energie gewonnen wurde. Deshalb kann Abwärme keine erneuerbare Energie sein. Trotzdem ist ihre „Weiterverwertung" sinnvoll, da Ressourcen geschont werden. Um als Ersatzmaßnahme anerkannt zu werden, müssen mindestens 50 Prozent des Wärmebedarfs aus Abwärme gewonnen werden.
- Kraft-Wärme-Kopplungsanlagen nutzen Ressourcen zur Stromerzeugung und gleichzeitig zur Wärmegewinnung. Auch hier ist ein Mindestanteil von 50 Prozent vorgesehen.
- Wenn Sie Ihr Haus besser dämmen und damit mindestens 15 Prozent über den von der Energieeinsparverordnung (EnEV) geforderten Werten liegen, verbrauchen Sie erheblich weniger Energie und müssen erneuerbare Energien nicht zusätzlich nutzen. Ihre Abhängigkeit von der Lieferung und Preisentwicklung bei Heizöl und Erdgas bleibt jedoch bestehen. Deshalb sollten Sie auch bei besserer Wärmedämmung erneuerbare Energien unbedingt nutzen.
- Das EEWärmeG erleichtert zudem den Ausbau von Wärmenetzen. Es sieht vor, dass Kommunen auch im Interesse des Klimaschutzes den Anschluss und die Nutzung eines solchen Netzes vorschreiben können. Ist Ihr Gebäude an ein Netz der Nah- und Fernwärmeversorgung angeschlossen, das zu einem wesentlichen Teil mit erneuerbaren Energien bzw. zu mehr als 50 Prozent auf der Basis von Kraft-Wärme-Kopplung oder Abwärme betrieben wird, gilt das als Ersatzmaßnahme.

Befreiung von der Nutzungspflicht

Niemand soll finanziell überfordert werden. Ist die Nutzung erneuerbarer Energien technisch unmöglich, stehen ihr andere öffentlich-rechtliche Pflichten entgegen oder ist Ihnen als Gebäudeeigentümer eine solche Nutzung finanziell nicht zumutbar, sind Sie in Ausnahmefällen von der Nutzungspflicht befreit:

§ 9 Ausnahmen

Die Pflicht nach § 3 Absatz 1 entfällt, wenn

1. ihre Erfüllung und die Durchführung von Ersatzmaßnahmen nach § 7

a) anderen öffentlich-rechtlichen Pflichten widersprechen oder

b) im Einzelfall technisch unmöglich sind oder

2. die zuständige Behörde den Verpflichteten auf Antrag von ihr befreit. Von der Pflicht nach § 3 Absatz 1 ist zu befreien, soweit ihre Erfüllung und die Durchführung von Ersatzmaßnahmen nach § 7 im Einzelfall wegen besonderer Umstände durch einen unangemessenen Aufwand oder in sonstiger Weise zu einer unbilligen Härte führen.

Liegt eine solche besondere Härte vor, müssen Sie als Eigentümer des Gebäudes allerdings einen entsprechenden Antrag bei der zuständigen Behörde, in der Regel die untere Baubehörde, stellen. Die Zuständigkeit richtet sich nach dem Landesrecht.

Höhe des Anteils erneuerbarer Energien am Wärmeenergiebedarf

§ 5 des EEWärmeG besagt, wie hoch der Anteil bestimmter erneuerbarer Energien am Wärmeenergiebedarf eines Gebäudes sein muss.

(1) Bei Nutzung von solarer Strahlungsenergie nach Maßgabe der Nummer I der Anlage zu diesem Gesetz wird die Pflicht nach § 3 Absatz 1 dadurch erfüllt, dass der Wärmeenergiebedarf zu mindestens 15 Prozent hieraus gedeckt wird.

(2) Bei Nutzung von gasförmiger Biomasse nach Maßgabe der Nummer II.1 der Anlage zu diesem Gesetz wird die Pflicht nach § 3 Absatz 1 dadurch erfüllt, dass der Wärmeenergiebedarf zu mindestens 30 Prozent hieraus gedeckt wird.

(3) Bei Nutzung von

1. flüssiger Biomasse nach Maßgabe der Nummer II.2 der Anlage zu diesem Gesetz und

2. fester Biomasse nach Maßgabe der Nummer II.3 der Anlage zu diesem Gesetz

wird die Pflicht nach § 3 Absatz 1 dadurch erfüllt, dass der Wärmeenergiebedarf zu mindestens 50 Prozent hieraus gedeckt wird.

(4) Bei Nutzung von Geothermie und Umweltwärme nach Maßgabe der Num-

mer III der Anlage zu diesem Gesetz wird die Pflicht nach § 3 Absatz 1 dadurch erfüllt, dass der Wärmeenergiebedarf zu mindestens 50 Prozent aus den Anlagen zur Nutzung dieser Energie gedeckt wird.

Anlage I „Solare Strahlungsenergie"

1. Sofern solare Strahlungsenergie durch Solarkollektoren genutzt wird, gilt

a) der Mindestanteil nach § 5 Absatz 1 als erfüllt, wenn

aa) bei Wohngebäuden mit höchstens zwei Wohnungen Solarkollektoren mit einer Fläche von mindestens 0,04 Quadratmetern Aperturfläche je Quadratmeter Nutzfläche und

bb) bei Wohngebäuden mit mehr als zwei Wohnungen Solarkollektoren mit einer Fläche von mindestens 0,03 Quadratmetern Aperturfläche je Quadratmeter Nutzfläche

installiert werden; die Länder können insoweit höhere Mindestflächen festlegen,

b) diese Nutzung nur dann als Erfüllung der Pflicht nach § 3 Absatz 1, wenn die Solarkollektoren nach dem Verfahren der DIN EN 12975-1 (2006-06), DIN EN 12975-2 (2006-06), DIN EN 12976-1 (2006-04) und DIN EN 12976-2 (2006-04) mit dem europäischen Prüfzeichen „Solar Keymark" zertifiziert sind.

2. Nachweis im Sinne des § 10 Absatz 3 ist für Nummer 1 Buchstabe b) das Zertifikat „Solar Keymark".

Anlage II „Biomasse" (Auszug)

1. Gasförmige Biomasse:

a) Die Nutzung von gasförmiger Biomasse gilt nur dann als Erfüllung der Pflicht nach § 3 Absatz 1, wenn die Nutzung einer KWK-Anlage erfolgt.

b) Die Nutzung von gasförmiger Biomasse, die auf Erdgasqualität aufbereitet und eingespeist wird, gilt unbeschadet des Buchstaben a) nur dann als Erfüllung der Pflicht nach § 3 Absatz 1, wenn

aa) bei der Aufbereitung und Einspeisung des Gases die Methanemissionen in der Atmosphäre und der Stromverbrauch nach der jeweils besten verfügbaren Technik gesenkt werden und

bb) die Prozesswärme, die zur Erzeugung und Aufbereitung der gasförmigen Biomasse erforderlich ist, aus erneuerbaren Energien oder aus Abwärme gewonnen wird.

2. Flüssige Biomasse:

a) Die Nutzung von flüssiger Biomasse gilt nur dann als Erfüllung der Pflicht nach § 3 Absatz 1, wenn die Nutzung in einem Heizkessel erfolgt, der der besten verfügbaren Technik entspricht.

3. Feste Biomasse

a) Die Nutzung von fester Biomasse beim Betrieb von Feuerungsanlagen im Sinne der Verordnung über kleinere und mittlere Feuerungsanlagen in der Fassung der Bekanntmachung vom 14. März 1997, zuletzt geändert durch Artikel 4 der Verordnung vom 14. August 2003, in der jeweils geltenden Fassung, gilt nur dann als Erfüllung der Pflicht nach § 3 Absatz 1, wenn

aa) die Anforderungen der Verordnung über kleine und mittlere Feuerungsanlagen erfüllt werden,

bb) ausschließlich Biomasse nach § 3 Absatz a Nummer 4, 5, 5a oder 8 der Verordnung über kleine und mittlere Feuerungsanlagen eingesetzt wird und

cc) der entsprechend dem Verfahren der DIN EN 303-5 (1999-06) ermittelte Kesselwirkungsgrad für Biomassezentralheizungsanlagen

- bis einschließlich einer Leistung von 50 Kilowatt 86 Prozent und
- bei einer Leistung über 50 Kilowatt 88 Prozent

nicht unterschreitet.

b) Nachweis im Sinne des § 10 Absatz 3 ist die Bescheinigung eines Sachkundigen, des Anlageherstellers oder des Fachbetriebs, der die Anlage eingebaut hat.

Anlage III „Geothermie und Umweltwärme“

1. a) Sofern Geothermie und Umweltwärme durch elektrisch angetriebene Wärmepumpen genutzt werden, gilt diese Nutzung nur dann als Erfüllung der Pflicht nach § 3 Absatz 1, wenn

- die nutzbare Wärmemenge mindestens der Jahresarbeitszahl nach Buchstaben b) bereitgestellt wird und
- die Wärmepumpe über die Zähler nach Buchstabe c) verfügt.

b) Die Jahresarbeitszahl beträgt bei

- Luft/Wasser- und Luft/Luft-Wärmepumpen 3,5 und
- allen anderen Wärmepumpen 4,0.

Wenn die Warmwasserbereitung des Gebäudes durch die Wärmepumpen oder zu einem wesentlichen Anteil durch andere erneuerbare Energien erfolgt, beträgt die Jahresarbeitszahl abweichend von Satz 1 bei

- Luft/Wasser- und Luft/Luft-Wärmepumpen 3,3 und
- allen anderen Wärmepumpen 3,8.

c) Die Wärmepumpen müssen über einen Wärmemengen- und Stromzähler verfügen, dessen Messwerte die Berechnung der Jahresarbeitszahl der Wärmepumpen ermöglichen. Satz 1 gilt nicht bei Sole/Wasser- und Wasser/Wasser-Wärmepumpen, wenn die Vorlauftemperatur der Heizanlage nachweislich bis zu 35 Grad Celsius beträgt.

2. Sofern Geothermie oder Umweltwärme durch mit fossilen Brennstoffen angetriebene Wärmepumpen genutzt werden, gilt diese Nutzung nur dann als Erfüllung der Pflicht nach § 3 Absatz 1, wenn

- die nutzbare Wärmemenge mindestens mit der Jahresarbeitszahl von 1,2 bereitgestellt wird; Nummer 1 Buchstabe b Satz 3 und 4 gilt entsprechend, und
- die Wärmepumpe über einen Wärmemengen- und Brennstoffzähler verfügt, deren Messwerte die Berechnung der Jahresarbeitszahl der Wärmepumpe ermöglichen; Nummer 1 Buchstabe c Satz 2 gilt entsprechend.

3. Nachweis im Sinne des § 10 Absatz 3 ist die Bescheinigung eines Sachkundigen.

Sie können also beispielsweise einen bestimmten Anteil des Wärmebedarfs Ihres Gebäudes durch Solarenergie abdecken, um Ihre Nutzungspflicht zu erfüllen jedoch mindestens 15 Prozent. In Anlage I des EEWärmeG wird eine Kollektorgröße von 0,04 Quadratmetern Fläche pro Quadratmeter beheizter Nutzfläche vorgeschrieben, wenn das Gebäude höchstens zwei Wohnungen hat. Das ist in der Regel bei Einfamilien- und Reihenhäusern oder kleineren Siedlungseinheiten der Fall. Hat ein solches Haus beispielsweise 100 Quadratmeter Wohnfläche, muss der Solarkollektor mindestens vier Quadratmeter groß sein. Selbstverständlich ist eine größere Fläche, die z.B. auf dem Dach installiert ist, erlaubt. Bei Gebäuden mit mindestens drei Wohneinheiten wird nur noch eine Kollektorfläche von 0,03 Quadratmetern pro Quadratmeter Wohnfläche gefordert. Möchten Sie erneuerbare Energien allerdings wirtschaftlich einsetzen, sollten Sie immer die maximal zur bautechnischen Installation vorhandene Fläche nutzen.

Fördermaßnahmen

Im EEWärmeG in Teil 3 Fördermaßnahmen festgeschrieben.

§ 13 Fördermittel

Die Nutzung Erneuerbarer Energien für die Erzeugung von Wärme wird durch den Bund bedarfsgerecht in den Jahren 2009 bis 2012 mit bis zu 500 Millionen Euro pro Jahr gefördert. Einzelheiten werden durch Verwaltungsvorschriften des Bundesministeriums für Umwelt, Naturschutz und Reaktorsicherheit im Einvernehmen mit dem Bundesministerium der Finanzen geregelt.

§ 14 Geförderte Maßnahmen

Gefördert werden können Maßnahmen für die Erzeugung von Wärme, insbesondere die Errichtung oder Erweiterung von

1. solarthermischen Anlagen,
2. Anlagen zur Nutzung von Biomasse,
3. Anlagen zur Nutzung von Geothermie und Umweltwärme sowie
4. Nahwärmenetzen, Speichern und Übergabestationen für Wärmenutzer, wenn sie auch aus Anlagen nach den Nummern 1 bis 3 gespeist werden.

Demnach können grundsätzlich alle Maßnahmen gefördert werden, mit denen bestimmte klimapolitische Ziele erreicht werden können, allerdings nur dann, wenn sie über die Mindestforderungen hinausgehen oder innovative Technologien einsetzen. Maßgeblich dafür sind immer die Regelungen im Wärmegesetz. Die Länderparlamente können aber auch für ihr Bundesland andere Bestimmungen zur Förderung erlassen. Fördermittel können Sie zurzeit beim Bundesamt für Wirtschaft und Ausfuhrkontrolle (www.bafa.de) oder bei der Kreditanstalt für Wiederaufbau KfW (www.kfw.de) beantragen.

Nachweispflichten

Je nach gewählter Option zur Erfüllung der Nutzungspflicht gibt es unterschiedliche Nachweispflichten. Sie müssen nachweisen, dass Sie erneuerbare Energien im vorgesehenen Umfang und so eingesetzt haben, wie es im Gesetz vorgeschrieben ist. Bei flüssigen oder gasförmigen Biomassen beispielsweise müssen Sie 15 Jahre lang nachweisen, dass Sie den gelieferten Brennstoff im geforderten Umfang nutzen. Die zuständige Landesbehörde kontrolliert die Erfüllung der Nutzungspflicht. Dazu ist sie berechtigt, Stichproben am Gebäude durchzuführen.

Nachweise dürfen in erster Linie nur Sachkundige ausstellen. Das ist jede Person, die nach der EnEV einen Energieausweis ausstellen darf (vgl. Seite 155 f.).

Die Energieeinsparverordnung (EnEV 2009)

Im Frühjahr 2007 beschloss der Europäische Rat eine integrierte europäische Klima- und Energiepolitik. Diese Vorgaben wollte die Bundesregierung mit zwei Klimapaketen umsetzen. Das erste Paket, das am 4. Juli 2008 vom Bundesrat verabschiedet wurde, enthält neben dem Gesetz zur Förderung der Kraft-Wärme-Kopplung und dem Gesetz zur Öffnung des Messwesens das Erneuerbare-Energien-Wärmegesetz (EEWärmeG) und die Neuregelung des Rechts der erneuerbaren Energien im Strombereich. Am 18. Juni 2008 beschloss die Bundesregierung das zweite Klimaschutzpaket, das die Novellierung der EnEV 2007 enthält und im Oktober 2009 in Kraft trat.

Im Wesentlichen blieben die Regelungen der EnEV 2007 erhalten. Auch in der EnEV 2009 ist eine Erstellung des Energieausweises für Wohn- und Nichtwohngebäude weiter vorgeschrieben. Energieausweise für Wohngebäude müssen Mietern, (potenziellen) Käufern, Pächtern, Leasingnehmern usw. generell zugänglich gemacht werden. Wurden für Nichtwohngebäude der Baufertigstellungsjahre bis 1965 Energieausweise in einer vor dem 1. Oktober 2007 gültigen Fassung ausgestellt, bleiben diese gültig. Allerdings ist grundsätzlich in allen Fällen die Laufzeit eines einmal ausgestellten Energieausweises auf zehn Jahre beschränkt. Danach muss er erneut ausgestellt werden.

Änderungen gibt es hauptsächlich bei Anforderungen, Regelungen und Berechnungsverfahren. Im Formular selbst wurden Änderungen aus bauordnungsrechtlicher Sicht notwendig. Mit der EnEV 2009 wurde so bereits ein hohes Anforderungsniveau an die energetischen Qualitäten eines Gebäudes erreicht, wie Sie den folgenden Auszügen entnehmen können.

Ausblick auf 2020

Zusätzlich hat die EU einen für alle Staaten verbindlichen Antrag eingebracht, in dem sie fordert, dass bis 2020 alle Gebäude dem sogenannten Null-Energie-Haus-Standard entsprechen müssen. Somit sind auch für Deutschland entsprechende Anpassungen zu erwarten. Bei Umbauten, Sanierung und Modernisierung ist es die Aufgabe des beauftragten Planers den Bauherrn umfassend zu beraten. Gegebenenfalls kann er entsprechende Sonderfachleute wie Energieberater, Statiker, Elektroingenieure, Bausachverständige, Bauphysiker usw. einschalten, die dann für die beauftragte Arbeit bzw. eine energetische Beratung zuständig und verantwortlich sind.

Diese Fachleute dürfen Ihnen helfen

Als Bauherr können Sie davon ausgehen, dass Sie gemäß dem Stand der Technik informiert werden und Ihr Haus entsprechend umgebaut oder modernisiert wird. Bei einer nachweislichen Falschberatung haftet der Planer und/oder der beauftragte Sonderfachmann.

EXPERTENTIPP

Nachweis zur Berufshaftpflichtversicherung

In Ihrem Bauauftrag sollten Sie eindeutig schriftlich festhalten, dass alle für Sie tätigen Fachleute (Architekt, Handwerker, Bauunternehmen, Sonderfachleute etc.) eine ausreichende Berufshaftpflichtversicherung nachweisen können. Kontrollieren Sie diese im Zweifelsfall.

In der gültigen Energieeinsparverordnung sind die Personengruppen aufgelistet, die zur Ausstellung von Energieausweisen berechtigt sind. Diese Personen dürfen Sie zur Vorbereitung Ihrer baulichen Maßnahmen entsprechend fachlich beraten.

§ 21 Ausstellungsberechtigung für bestehende Gebäude

(1) Zur Ausstellung von Energieausweisen für bestehende Gebäude nach § 16 Absatz 2 und 3 und von Modernisierungsempfehlungen nach § 20 sind nur berechtigt:

1. Personen mit qualifiziertem Hochschulabschluss in

a) den Fachrichtungen Architektur, Hochbau, Bauingenieurwesen, Technische Gebäudeausrüstung, Physik, Bauphysik, Maschinenbau oder Elektrotechnik oder

b) einer anderen technischen oder naturwissenschaftlichen Fachrichtung mit einem Ausbildungsschwerpunkt auf einem unter Buchstabe a genannten Gebiet,

2. Personen im Sinne der Nummer 1 Buchstabe a im Bereich Architektur der Fachrichtung Innenarchitektur,

3. Personen, die für ein zulassungspflichtiges Bau-, Ausbau- oder anlagentechnisches Gewerbe oder für das Schornsteinfegerwesen die Voraussetzungen zur Eintragung in die Handwerksrolle erfüllen, sowie Handwerksmeister

der zulassungsfreien Handwerke dieser Bereiche und Personen, die auf Grund ihrer Ausbildung berechtigt sind, ein solches Handwerk ohne Meistertitel selbstständig auszuüben,

4. staatlich anerkannte oder geprüfte Techniker, deren Ausbildungsschwerpunkt auch die Beurteilung der Gebäudehülle, die Beurteilung von Heizungs- und Warmwasserbereitungsanlagen oder die Beurteilung von Lüftungs- und Klimaanlagen umfasst,

5. Personen, die nach bauordnungsrechtlichen Vorschriften der Länder zur Unterzeichnung von bautechnischen Nachweisen des Wärmeschutzes oder der Energieeinsparung bei der Errichtung von Gebäuden berechtigt sind, im Rahmen der jeweiligen Nachweisberechtigung, wenn sie mit Ausnahme der in Nummer 5 genannten Personen mindestens eine der in Absatz 2 genannten Voraussetzungen erfüllen. Die Ausstellungsberechtigung nach Satz 1 Nummer 2 bis 4 in Verbindung mit Absatz 2 bezieht sich nur auf Energieausweise für bestehende Wohngebäude (Altbau, Bestandsgebäude) einschließlich Modernisierungsempfehlungen im Sinne des § 20. Satz 2 gilt entsprechend für in Satz 1 Nummer 1 genannte Personen, die die Voraussetzungen des Absatz 2 Nummer 3 nicht erfüllen, deren Fortbildung jedoch den Anforderungen des Absatz 2 Nummer 2 Buchstabe b genügt.

(2) Voraussetzung für die Ausstellungsberechtigung nach Absatz 1 Nummer 1 bis 4 ist

1. während des Studiums ein Ausbildungsschwerpunkt im Bereich des energiesparenden Bauens oder nach einem Studium ohne einen solchen Schwerpunkt eine mindestens zweijährige Berufserfahrung in wesentlichen bau- oder anlagentechnischen Tätigkeitsbereichen des Hochbaus,

2. eine erfolgreiche Fortbildung im Bereich des energiesparenden Bauens, die

a) in Fällen des Absatzes 1 Satz 1 Nummer 1 den wesentlichen Inhalten der Anlage 11,

b) in Fällen des Absatzes 1 Satz 1 Nummer 2 bis 4 den wesentlichen Inhalten der Anlage 11 Nummer 1 und 2

entspricht, oder

3. eine öffentliche Bestellung als vereidigter Sachverständiger für ein Sachgebiet im Bereich des energiesparenden Bauens oder in wesentlichen bau- oder anlagentechnischen Tätigkeitsbereichen des Hochbaus.

(3) § 12 Absatz 5 Satz 3 ist auf Ausbildungen im Sinne des Absatzes 1 entsprechend anzuwenden.

Sie können sich selbstverständlich auch von Institutionen, Verbänden oder Vereinen beraten lassen, beispielsweise in Deutschland von der Verbraucherzentrale und in Österreich von der Energieberatung. Die Energieberater beider Verbände beraten produktneutral und unabhängig und sind jeweils in den einzelnen Bundesländern vertreten.

Die Anforderungen an bestehende Gebäude

In § 9 der EnEV werden die energetischen Anforderungen an bestehende Gebäude aufgeführt.

§ 9 Änderung, Erweiterung und Ausbau von Gebäuden

(1) Änderung im Sinne der Anlage 3 Nummer 1 bis 6 bei beheizten oder gekühlten Räumen von Gebäuden sind so auszuführen, dass die in Anlage 3 festgelegten Wärmedurchgangskoeffizienten der betroffenen Außenbauteile nicht überschritten werden. Die Anforderungen des Satzes 1 gelten als erfüllt, wenn

1. geänderte Wohngebäude insgesamt den Jahres-Primärenergiebedarf des Referenzgebäudes nach § 3 Absatz 1 und den Höchstwert des spezifischen, auf die wärmeübertragende Umfassungsfläche bezogenen Transmissionswärmeverlusts nach Anlage 1 Tabelle 2,

2. geänderte Nichtwohngebäude insgesamt den Jahres-Primärenergiebedarf des Referenzgebäudes nach § 4 Absatz 1 und die Höchstwerte der mittleren Wärmedurchgangskoeffizienten der wärmeübertragenden Umfassungsfläche nach Anlage 2 Tabelle 2

um nicht mehr als 40 Prozent überschreiten.

(2) In Fällen des Absatz 1 Satz 2 sind die in § 3 Absatz 3 sowie in § 4 Absatz 3 angegebenen Berechnungsverfahren nach Maßgabe der Sätze 2 und 3 und des § 5 entsprechend anzuwenden. Soweit

1. Angaben zu geometrischen Abmessungen von Gebäuden fehlen, können diese durch vereinfachtes Aufmaß ermittelt werden;

2. energetische Kennwerte für bestehende Bauteile und Anlagenkomponenten nicht vorliegen, können gesicherte Erfahrungswerte für Bauteile und Anlagenkomponenten vergleichbarer Altersklassen verwendet werden;

hierbei können anerkannte Regeln der Technik verwendet werden; die Einhaltung solcher Regeln wird vermutet, soweit Vereinfachungen für die Datenaufnahme und die Ermittlung der energetischen Eigenschaften sowie gesicherte Erfahrungswerte verwendet werden, die vom Bundesministerium für Verkehr,

Bau und Stadtentwicklung im Einvernehmen mit dem Bundesministerium für Wirtschaft und Technologie im Bundesanzeiger bekannt gemacht worden sind. Bei Anwendung der Verfahren nach § 3 Absatz 3 sind die Randbedingungen und Maßgaben nach Anlage 3 Nummer 8 zu beachten.

(3) Absatz 1 ist nicht anzuwenden auf Änderungen von Außenbauteilen, wenn die Fläche der geänderten Bauteile nicht mehr als 10 Prozent der gesamten jeweiligen Bauteilfläche des Gebäudes betrifft.

(4) Bei der Erweiterung und dem Anbau eines Gebäudes um beheizte oder gekühlte Räume mit zusammenhängend mindestens 15 und höchstens 50 Quadratmetern Nutzfläche sind die betroffenen Außenbauteile so auszuführen, dass die in Anlage 3 festgelegten Wärmedurchgangskoeffizienten nicht überschritten werden.

(5) Ist in Fällen des Absatz 4 die hinzukommende zusammenhängende Nutzfläche größer als 50 Quadratmeter, sind die betroffenen Außenbauteile so auszuführen, dass der neue Gebäudeteil die Vorschriften für zu errichtende Gebäude nach § 3 oder § 4 einhält.

§ 10 Nachrüstung bei Anlagen und Gebäuden

(1) Eigentümer von Gebäuden dürfen Heizkessel, die mit flüssigen oder gasförmigen Brennstoffen beschickt werden und vor dem 1. Oktober 1978 eingebaut oder aufgestellt worden sind, nicht mehr betreiben. Satz 1 ist anzuwenden, wenn die vorhandenen Heizkessel Niedertemperatur-Heizkessel oder Brennwertkessel sind, sowie auf heizungstechnische Anlagen, deren Nennleistung weniger als vier Kilowatt oder mehr als 400 Kilowatt beträgt, und auf Heizkessel nach § 13 Absatz 3 Nummer 2 bis 4.

(2) Eigentümer von Gebäuden müssen dafür sorgen, dass bei heizungstechnischen Anlagen bisher ungedämmte, zugängliche Wärmeverteilungs- und Warmwasserleitungen sowie Armaturen, die sich nicht in beheizten Räumen befinden, nach Anlage 5 zur Begrenzung der Wärmeabgabe gedämmt werden.

(3) Eigentümer von Wohngebäuden sowie von Nichtwohngebäuden, die nach ihrer Zweckbestimmung jährlich mindestens vier Monate und auf Innentemperaturen von mindestens 19 Grad Celsius beheizt werden, müssen dafür sorgen, dass bisher ungedämmte, nicht begehbare, aber zugängliche oberste Geschossdecken beheizter Räume so gedämmt sind, dass der Wärmedurchgangskoeffizient der Geschossdecke 0,24 Watt/(m^2 K) nicht überschreitet. Die Pflicht nach Satz 1 gilt als erfüllt, wenn anstelle der Geschossdecke das darüberliegende, bisher ungedämmte Dach entsprechend gedämmt ist.

(4) Auf begehbare, bisher ungedämmte oberste Geschossdecken beheizter Räume ist Absatz 3 nach dem 31. Dezember 2011 entsprechend anzuwenden.

(5) Bei Wohngebäuden mit nicht mehr als zwei Wohnungen, von denen der Eigentümer am 1. Februar 2002 eine Wohnung selbst bewohnt hat, sind die Pflichten nach den Absätzen 1 bis 4 erst im Falle eines Eigentümerwechsels nach dem 1. Februar 2002 von dem neuen Eigentümer zu erfüllen. Die Frist zur Pflichterfüllung beträgt zwei Jahre ab dem ersten Eigentümerübergang. Sind im Falle eines Eigentümerwechsels vor dem 1. Januar 2010 noch keine zwei Jahre verstrichen, genügt es, die oberste Geschossdecke beheizter Räume so zu dämmen, dass der Wärmedurchgangskoeffizient der Geschossdecke 0,30 Watt/(m² K) nicht überschreitet.

(6) Die Absätze 2 bis 5 sind nicht anzuwenden, soweit die für die Nachrüstung erforderlichen Aufwendungen durch die eintretende Einsparung nicht innerhalb angemessener Frist erwirtschaftet werden können.

Außerbetriebnahme von elektrischen Speicherheizungen

Neu in der EnEV 2009 ist der Paragraf 10a der die Außerbetriebnahme von elektrischen Speicherheizungen nach bestimmten Zeiträumen regelt.

§ 10a Außerbetriebnahme von elektrischen Speicherheizungen

(1) In Wohngebäuden mit mehr als fünf Wohneinheiten dürfen Eigentümer elektrische Speicherheizsysteme nach Maßgabe des Absatz 2 nicht mehr betreiben, wenn die Raumwärme in den Gebäuden ausschließlich durch elektrische Speicherheizsysteme erzeugt wird. Auf Nichtwohngebäude, die nach ihrer Zweckbestimmung jährlich mindestens vier Monate und auf Innentemperaturen von mindestens 19 Grad Celsius beheizt werden, ist Satz 1 entsprechend anzuwenden, wenn mehr als 500 Quadratmeter Nutzfläche mit elektrischen Speicherheizsystemen beheizt werden. Auf elektrische Speicherheizsysteme mit nicht mehr als 20 Watt Heizleistung pro Quadratmeter Nutzfläche einer Wohnungs-, Betriebs- oder sonstigen Nutzungseinheit sind die Sätze 1 und 2 anzuwenden.

(2) Vor dem 1. Januar 1990 eingebaute oder aufgestellte elektrische Speicherheizsysteme dürfen nach dem 31. Dezember 2019 nicht mehr betrieben werden. Nach dem 31. Dezember 1989 eingebaute oder aufgestellte elektrische Speicherheizsysteme dürfen nach Ablauf von 30 Jahren nach dem Einbau oder der Aufstellung nicht mehr betrieben werden. Wurden die elektrischen Speicherheizsysteme nach dem 31. Dezember 1989 in wesentlichen Teilen erneuert, dürfen sie nach Ablauf von 30 Jahren nach der Erneuerung nicht mehr betrieben werden. Werden mehrere Heizaggregate in einem Gebäude betrieben,

ist bei Anwendung der Sätze 1, 2 oder 3 insgesamt auf das zweitälteste Heizaggregat abzustellen.

(3) Absatz 1 ist nicht anzuwenden, wenn

1. andere öffentlich-rechtliche Pflichten entgegenstehen,

2. die erforderlichen Aufwendungen für die Außerbetriebnahme und den Einbau einer neuen Heizung auch bei Inanspruchnahme möglicher Fördermittel nicht innerhalb angemessener Frist durch die eintretenden Einsparungen erwirtschaftet werden können oder

3. wenn

a) für das Gebäude der Bauantrag nach dem 31. Dezember 1994 gestellt worden ist,

b) das Gebäude schon bei der Baufertigstellung das Anforderungsniveau der Wärmeschutzverordnung (WSchV) vom 16. August 1994 eingehalten hat oder

c) das Gebäude durch spätere Änderungen mindestens auf das in Buchstabe b bezeichnete Anforderungsniveau gebracht worden ist.

Bei der Ermittlung der energetischen Eigenschaften des Gebäudes nach Satz 1 Nummer 3 Buchstabe b und c können die Bestimmungen über die vereinfachte Datenerhebung nach § 9 Absatz 2 Satz 2 und die Datenbereitstellung durch den Eigentümer nach § 17 Absatz 5 entsprechend angewendet werden. § 25 Absatz 1 und 2 bleibt unberührt.

§ 11 Aufrecherhaltung der energetische Qualität

§ 11 Aufrechterhaltung der energetischen Qualität

(1) Außenbauteile dürfen nicht in einer Weise verändert werden, dass die energetische Qualität des Gebäudes verschlechtert wird. Das Gleiche gilt für Anlagen und Einrichtungen nach dem Abschnitt 4 der EnEV 2009, soweit sie zum Nachweis der Anforderungen energiesparrechtlicher Vorschriften des Bundes zu berücksichtigen waren.

(2) Energiebedarfssenkende Einrichtungen in Anlagen nach Absatz 1 sind vom Betreiber betriebsbereit zu erhalten und bestimmungsgemäß zu nutzen. Eine Nutzung und Erhaltung im Sinne des Satzes 1 gilt als gegeben, soweit der Einfluss einer energiebedarfssenkenden Einrichtung auf den Jahres-Primärenergiebedarf durch andere anlagentechnische oder bauliche Maßnahmen ausgeglichen wird.

(3) Anlagen und Einrichtungen der Heizungs-, Kühl- und Raumlufttechnik so-

wie der Warmwasserversorgung sind vom Betreiber sachgerecht zu bedienen. Komponenten mit wesentlichem Einfluss auf den Wirkungsgrad solcher Anlagen sind vom Betreiber regelmäßig zu warten und instand zu halten. Für die Wartung und Instandhaltung ist Fachkunde erforderlich. Fachkundig ist, wer die zur Wartung und Instandhaltung notwendigen Fachkenntnisse und Fertigkeiten besitzt.

Der Energieausweis nach EnEV 2009

Der Energieausweis ist ein rechtliches Dokument über die energetische Qualität des ausgewiesenen Gebäudes und gilt grundsätzlich nur für dieses Gebäude. Verwendet wird er unter anderem als Nachweis der energetischen Anforderungen an Sanierungs- und Umbaumaßnahmen, bauliche Erweiterungen bzw. Anbauten sowie zusätzliche Ausbauten von Gebäuden. Der Ausweis muss für das gesamte Gebäude ausgestellt werden, bei gemischt genutzten Gebäuden (z.B. Wohnhäusern mit Ladenlokalen im Erdgeschoss) unter bestimmten Voraussetzungen jeweils für den gesamten zu Wohnzwecken und den gesamten zu Nichtwohnzwecken genutzten Teil.
Bei einer energetischen Sanierung muss nur dann ein Energieausweis ausgestellt werden, wenn der Nachweis zur Einhaltung des Jahres-Primärenergiebedarfs mit Hilfe des Referenzgebäudeverfahrens geführt wird. Grundsätzlich entfällt die Aushangpflicht für Baudenkmäler.
In der EnEV 2009 wird klargestellt, dass der Gebäudeeigentümer für die Datenqualität gemäß den Vorgaben der EnEV verantwortlich ist, soweit er diese dem Aussteller des Energieausweises zur Verfügung stellt. Der auf dem Bedarf basierende Energieausweis wird zudem um folgende Angaben ergänzt:

- Mehrfachnennung bei Baujahr der Anlagentechnik
- Angaben zum Berechnungsverfahren
- Einhaltung des sommerlichen Wärmeschutzes
- Nutzung von Vereinfachungen
- Erfüllung der Ersatzmaßnahme nach § 7 Nr. 2 EEWärmeG

Neues Berechnungsverfahren für Wohngebäude

Zusätzlich zu dem bekannten Bilanzierungsverfahren nach DIN 4108-6 und DIN 4701-10 gibt es nach EnEV 2009 auch ein neues Berechnungsverfahren für Wohngebäude auf Grundlage der DIN V 18599, die bisher nur für Nichtwohngebäude angewendet werden konnte. Dazu wurde die Norm um einen wichtigen Teil erweitert. Angestrebt wird eine realistische Abbildung besonders energieef-

fizienter Gebäude sowie die Harmonisierung der Berechnungsmethoden für Wohn- und Nichtwohngebäude.
Grundsätzlich können Sie zwischen beiden Berechnungsverfahren frei wählen. Jedoch müssen Sie auf das zu berechnende Gebäude und das Referenzgebäude dasselbe Verfahren anwenden, da es sonst zu Differenzen kommen kann und ein echter Vergleich verhindert wird. Das bisherige vereinfachte Berechnungsverfahren dürfen Sie mit Einführung des Referenzgebäudeverfahrens nicht mehr benutzen.
Der berechnete Energiebedarf von Wohngebäuden bezieht sich wie bisher auf die Gebäudenutzfläche A_N. Diese wird aus dem beheizten Gebäudevolumen berechnet. Bei Geschosshöhen von mehr als 3 oder weniger als 2,50 Metern bezieht sich die Formel auf die durchschnittliche Geschosshöhe.

Vereinfachtes Berechnungsverfahren für Nichtwohngebäude

Das vereinfachte Berechnungsverfahren für Nichtwohngebäude – das sogenannte Ein-Zonen-Modell – können Sie nun auch auf weitere Nutzungstypen wie Turnhallen oder Bibliotheken anwenden. Dabei zählen als Bezugsfläche ausschließlich die thermisch konditionierten Flächen. Auf nicht beheizte oder gekühlte Gebäudeteile ist die EnEV 2009 nicht anzuwenden.

Nachweispflicht

Wird in einem Bestandsgebäude die Anlagentechnik (Heizung, Warmwasserbereitung, Lüftung, Klimatisierung) ganz oder teilweise ersetzt oder neu gebaut oder werden Außenbauteile und die Dämmung der obersten Geschossdecke verändert, besteht eine Nachweispflicht: Dem Bauherren oder Eigentümer muss nach Abschluss der Arbeiten formlos schriftlich bestätigt werden, dass die Anforderungen der EnEV für das geänderte oder eingebaute Bauteil eingehalten wurden. Weiterhin werden Zuwiderhandlungen gegen die Vorgaben bezüglich des Energieausweises künftig geahndet, wenn sie vorsätzlich oder leichtfertig begangen wurden. Ebenfalls bestraft werden nicht korrekte Änderungen von Bestandsgebäuden sowie unrichtig erstellte Energieausweise, z.B. wenn diese falsche Daten enthalten, von Unberechtigten ausgestellt wurden oder zeitlich abgelaufen sind.

EXPERTENTIPP

Lassen Sie den Energieausweis von einem zugelassenen Energieberater ausstellen!

Jeder Energieausweis umfasst mindestens vier Seiten. Lassen Sie ihn immer von einem der EnEV entsprechend zugelassenen Fachmann ausstellen. Dieser haftet mit seiner Unterschrift voll für die gemachten Angaben, nicht jedoch für die Empfehlungen.

Bestimmungen zum Energieausweis

Laut EnEV 2009 gelten die im Folgenden wiedergegebenen Bestimmungen zum Energieausweis.

§ 18 Ausstellung auf der Grundlage des Energiebedarfs (Auszug)

...

(2) Werden Energieausweise für bestehende Gebäude auf der Grundlage des berechneten Energiebedarfs ausgestellt, ist auf die erforderlichen Berechnungen § 9 Absatz 2 entsprechend anzuwenden. Die Ergebnisse sind in den Energieausweisen anzugeben, soweit ihre Angabe für Energiebedarfswerte in den Mustern der Anlagen 6 bis 8 vorgesehen ist.

§ 19 Ausstellung auf der Grundlage des Energieverbrauchs

(1) Werden Energieausweise für bestehende Gebäude auf der Grundlage des erfassten Energieverbrauchs ausgestellt, ist der witterungsbereinigte Energieverbrauch (Energieverbrauchskennwert) nach Maßgabe der Absätze 2 und 3 zu berechnen. Die Ergebnisse sind in den Energieausweisen anzugeben, soweit ihre Angabe für Energieverbrauchskennwerte in den Mustern der Anlagen 6, 7 und 9 vorgesehen ist. Die Bestimmungen des § 9 Absatz 2 Satz 2 über die vereinfachte Datenerhebung sind entsprechend anzuwenden.

(2) Bei Wohngebäuden ist der Energieverbrauch für Heizung und zentrale Warmwasserbereitung zu ermitteln und in Kilowattstunden pro Quadratmeter Gebäudenutzfläche (kWh/m²) anzugeben. Die Gebäudenutzfläche kann bei Wohngebäuden mit bis zu zwei Wohneinheiten mit beheiztem Keller pauschal mit dem 1,35-fachen Wert der Wohnfläche, bei sonstigen Wohngebäuden mit dem 1,2-fachen Wert der Wohnfläche angesetzt werden. Bei Nichtwohngebäuden ist der Energieverbrauch für Heizung, Warmwasserbereitung, Kühlung, Lüftung und eingebaute Beleuchtung zu ermitteln und in Kilowattstunden pro

Jahr und Quadratmeter Nettogrundfläche (kWh/a/m²) anzugeben. Der Energieverbrauch für Heizung ist einer Witterungsbereinigung zu unterziehen.

(3) Zur Ermittlung des Energieverbrauchs sind

1. Verbrauchsdaten aus Abrechnungen von Heizkosten nach der Heizkostenverordnung für das gesamte Gebäude,

2. andere geeignete Verbrauchsdaten, insbesondere Abrechnungen von Energielieferanten oder sachgerecht durchgeführte Verbrauchsmessungen, oder

3. eine Kombination von Verbrauchsdaten nach den Nummern 1 und 2

zu verwenden; dabei sind mindestens die Abrechnungen aus einem zusammenhängenden Zeitraum von 36 Monaten zugrunde zu legen, der die jüngste vorliegende Abrechnungsperiode einschließt. Bei der Ermittlung nach Satz 1 sind längere Leerstände rechnerisch angemessen zu berücksichtigen. Der maßgebliche Energieverbrauch ist der durchschnittliche Verbrauch in dem zugrunde liegenden Zeitraum. Für die Witterungsbereinigung des Energieverbrauchs ist ein den anerkannten Regeln der Technik entsprechendes Verfahren anzuwenden. Die Einhaltung der anerkannten Regeln der Technik wird vermutet, soweit bei der Ermittlung von Energieverbrauchskennwerten Vereinfachungen verwendet werden, die vom Bundesministerium für Verkehr, Bau und Stadtentwicklung im Einvernehmen mit dem Bundesministerium für Wirtschaft und Technologie im Bundesanzeiger bekannt gemacht worden sind.

(4) Als Vergleichswerte für Energieverbrauchskennwerte eines Nichtwohngebäudes sind in den Energieausweis die Werte einzutragen, die jeweils vom Bundesministerium für Wirtschaft und Technologie im Bundesanzeiger bekannt gemacht worden sind.

§ 20 Empfehlungen für die Verbesserung der Energieeffizienz

(1) Sind Maßnahmen für kostengünstige Verbesserungen der energetischen Eigenschaften des Gebäudes (Energieeffizienz) möglich, hat der Aussteller des Energieausweises dem Eigentümer anlässlich der Ausstellung eines Energieausweises entsprechende begleitende Empfehlungen in Form von kurz gefassten fachlichen Hinweisen auszustellen (Modernisierungsempfehlungen). Dabei kann ergänzend auf weiterführende Hinweise in Veröffentlichungen des Bundesministeriums für Verkehr, Bau und Stadtentwicklung im Einvernehmen mit dem Bundesministerium für Wirtschaft und Technologie oder von ihnen beauftragter Dritter Bezug genommen werden. Die Bestimmungen des § 9 Absatz 2 Satz 2 über die vereinfachte Datenerhebung sind entsprechend anzuwenden. Sind Modernisierungsempfehlungen nicht möglich, hat der Aussteller dies dem Eigentümer anlässlich der Ausstellung des Energieausweises mitzuteilen.

(2) Die Darstellung von Modernisierungsempfehlungen und die Erklärung nach Absatz 1 Satz 4 müssen nach Inhalt und Aufbau dem Muster in Anlage 10 entsprechen. § 17 Absatz 4 und 5 ist entsprechend anzuwenden.

(3) Modernisierungsempfehlungen sind dem Energieausweis mit dem Inhalt nach den Mustern der Anlagen 6 und 7 beizufügen.

An die geforderten Modernisierungsempfehlungen sollten Sie jedoch keine zu hohen Erwartungen haben, da diese nur stichpunktartig dargestellt werden. Beauftragen Sie ggf. besser einen geschulten Fachmann, Ihnen für Ihr Gebäude technisch und energetisch wirksame Vorschläge anzubieten. Welche Personengruppen das fachliche Know-how dafür besitzen, wird in § 21 der EnEV sowie hier ab Seite 155 aufgelistet.

Wie sieht ein Verbrauchsausweis aus und was steht darin?

Für Bestandsgebäude sollten Sie den Bedarfsausweis dem eigentlich nach der EnEV 2007 zulässigen Verbrauchsausweis vorziehen, da sich mit ihm schnell energetische Schwachstellen aufzeigen lassen. Den höchsten zulässigen Wärmeverlust durch die Umfassungs- bzw. Hüllfläche des Gebäudes ermitteln Sie mathematisch aus dem Verhältnis der Gebäudeoberfläche zum Volumen des Gebäudes. Falls vorhanden, berücksichtigen Sie bei Wohngebäuden auch die Kühlung der Raumluft. Auf diesen Grundlagen können Sie die von der EnEV geforderten Nachweise führen und den Energieausweis auf Basis des errechneten Energiebedarfs erstellen.
Aufgrund der Erstellungskosten und teilweise auch aus Unwissenheit wurden in der Vergangenheit oft zulässige Verbrauchsausweise im „Schnellschussverfahren“ durch die simplere Nachweismethode von dubiosen Ausstellern erstellt. Diese Ausweise sind immerhin zehn Jahre lang gültig und sagen fast nichts über den energetischen Zustand eines Bestandsgebäudes oder einer Altbauwohnung aus. Für bestehende Gebäude müssen nur dann verpflichtend Bedarfsausweise erstellt werden, wenn Änderungen im Sinne der Anlage 3 der EnEV 2007 Nr. 1 bis 6 vorgenommen wurden (z.B. an Außenwänden, Fenstern oder am Dach) oder das Gebäude um mehr als die Hälfte erweitert wird und in beiden Fällen die Berechnungen nach § 9 Abs. 2 EnEV für das gesamte Gebäude durchgeführt werden. Seit dem 1. Oktober 2008 sind Bedarfsausweise aber auch notwendig bei Verkauf, Vermietung, Verpachtung oder Leasing von Wohngebäuden mit weniger als fünf Wohnungen, bei denen der Bauantrag vor dem 1. November 1977 gestellt wurde. Eine Ausnahme bilden Gebäude, die

bereits bei Baufertigstellung das Anforderungsniveau der WSVO vom 11. August 1977 eingehalten oder durch nachträgliche Änderungen erreicht haben.
Auf den folgenden Seiten sehen Sie einen von einem Fachmann ausgestellten Verbrauchsausweis nach § 19 EnEV für einen Altbau. Auf der ersten Seite finden Sie alle Angaben zum Gebäude und den Hinweis auf die Gültigkeit, hier bis 2018. Wie bereits erwähnt, ist ein solcher Ausweis im Allgemeinen zehn Jahre lang gültig. Auf der zweiten Seite ist für 36 Monate der Energieverbrauch dokumentiert, z.B. anhand der Heizkostenabrechnung oder nach Angaben des Eigentümers. Hier finden Sie auch den Verbrauchskennwert. In diesem Beispiel entsprechen die Werte des Mehrfamilienhauses den Vergleichswerten eines energetisch modernisierten Einfamilienhauses. Auf der dritten Seite gibt der Aussteller des Energieausweises Empfehlungen zur Modernisierung bzw. Verbesserung der Energieeffizienz des Gebäudes. Zwar sind diese Empfehlungen nicht verbindlich, sollten aber vom Eigentümer beachtet und geprüft werden. Auf der vierten Seite werden allgemeine Erläuterungen zu den vorhergehenden drei Seiten gemacht und Fachbegriffe wie Energiebedarf, Primär- und Endenergiebedarf, Energetische Qualität der Gebäudehülle, Energieverbrauchskennwert oder gemischt genutzte Gebäude erklärt.

ENERGIEAUSWEIS für Wohngebäude

gemäß den §§ 16 ff. Energieeinsparverordnung (EnEV)

Gültig bis: 20.06.2018 **1**

Gebäude

Gebäudetyp	Altbau
Adresse	Mozartstr. 18-20, 50674 Köln
Gebäudeteil	Mozartstr. 18-20
Baujahr Gebäude	1939
Baujahr Anlagentechnik	2002
Anzahl Wohnungen	24
Gebäudenutzfläche (A_N)	2239.2 m²
Anlass der Ausstellung des Energieausweises	☐ Neubau ✓ Vermietung / Verkauf ☐ Modernisierung (Änderung / Erweiterung) ☐ Sonstiges (freiwillig)

Hinweise zu den Angaben über die energetische Qualität des Gebäudes

Die energetische Qualität eines Gebäudes kann durch die Berechnung des **Energiebedarfs** unter standardisierten Randbedingungen oder durch die Auswertung des **Energieverbrauchs** ermittelt werden. Als Bezugsfläche dient die energetische Gebäudenutzfläche nach der EnEV, die sich in der Regel von den allgemeinen Wohnflächenangaben unterscheidet. Die angegebenen Vergleichswerte sollen überschlägige Vergleiche ermöglichen (**Erläuterungen – siehe Seite 4**).

☐ Der Energieausweis wurde auf der Grundlage von Berechnungen des **Energiebedarfs** erstellt. Die Ergebnisse sind auf **Seite 2** dargestellt. Zusätzliche Informationen zum Verbrauch sind freiwillig.

✓ Der Energieausweis wurde auf der Grundlage von Auswertungen des **Energieverbrauchs** erstellt. Die Ergebnisse sind auf **Seite 3** dargestellt.

Datenerhebung Bedarf/Verbrauch durch ✓ Eigentümer ☐ Aussteller

☐ Dem Energieausweis sind zusätzliche Informationen zur energetischen Qualität beigefügt (freiwillige Angabe).

Hinweise zur Verwendung des Energieausweises

Der Energieausweis dient lediglich der Information. Die Angaben im Energieausweis beziehen sich auf das gesamte Wohngebäude oder den oben bezeichneten Gebäudeteil. Der Energieausweis ist lediglich dafür gedacht, einen überschlägigen Vergleich von Gebäuden zu ermöglichen.

Aussteller

J. Haake
eah
Johann-Classen-Str. 93
51103 Köln

20.06.08 J. Haake

Datum Unterschrift des Ausstellers

ARCHITEKT JÖRG HAAKE-MEYER KÖLN

ENERGIEAUSWEIS für Wohngebäude

gemäß den §§ 16 ff. Energieeinsparverordnung (EnEV)

Erfasster Energieverbrauch des Gebäudes

3

Energieverbrauchskennwert

Dieses Gebäude:

158.3 kWh/(m²a)

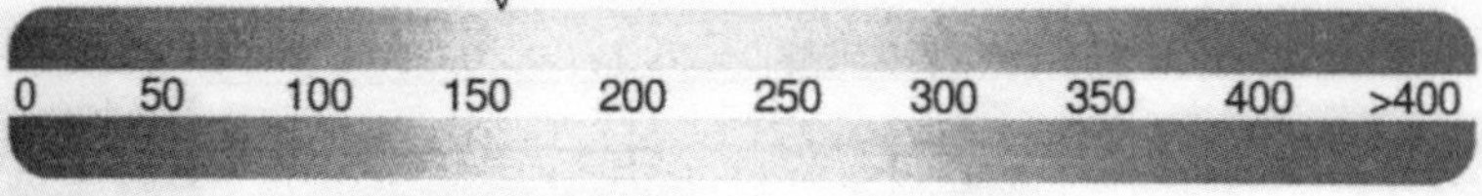

Energieverbrauch für Warmwasser: ✓ enthalten ☐ nicht enthalten

☐ Das Gebäude wird auch gekühlt; der typische Energieverbrauch für Kühlung beträgt bei zeitgemäßen Geräten etwa 6 kWh je m² Gebäudenutzfläche und Jahr und ist im Energieverbrauchskennwert nicht enthalten.

Verbrauchserfassung – Heizung und Warmwasser

Energieträger	Abrechnungszeitraum von	bis	Brennstoff-menge [kWh]	Anteil Warm-wasser [kWh]	Klima-faktor	Energieverbrauchskennwert in kWh/(m²·a) (zeitlich bereinigt, klimabereinigt) Heizung	Warmwasser	Kennwert
Erdgas H	01.01.05	31.12.05	316926	57047	1.25	145.1	25.5	170.6
Erdgas H	01.01.06	31.12.06	296645	53396	1.28	139.0	23.8	162.9
Erdgas H	01.01.07	31.12.07	244564	44022	1.36	121.8	19.7	141.5
			---	---	---	---	---	---
							Durchschnitt	158.3

Vergleichswerte Endenergiebedarf

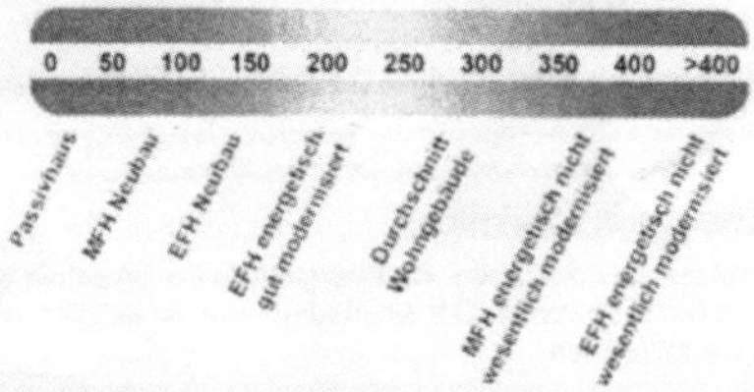

Die modellhaft ermittelten Vergleichswerte beziehen sich auf Gebäude, in denen die Wärme für Heizung und Warmwasser durch Heizkessel im Gebäude bereitgestellt wird.

Soll ein Energieverbrauchskennwert verglichen werden, der keinen Warmwasseranteil enthält, ist zu beachten, dass auf die Warmwasserbereitung je nach Gebäudegröße 20 – 40 kWh/(m² a) entfallen können.

Soll ein Energieverbrauchskennwert eines mit Fern- oder Nahwärme beheizten Gebäudes verglichen werden, ist zu beachten, dass hier normalerweise ein um 15 – 30 % geringerer Energieverbrauch als bei vergleichbaren Gebäuden mit Kesselheizung zu erwarten ist.

Erläuterungen zum Verfahren

Das Verfahren zur Ermittlung von Energieverbrauchskennwerten ist durch die Energieeinsparverordnung vorgegeben. Die Werte sind spezifische Werte pro Quadratmeter Gebäudenutzfläche (A_N) nach Energieeinsparverordnung. Der tatsächliche Verbrauch einer Wohnung oder eines Gebäudes weicht insbesondere wegen des Witterungseinflusses und sich ändernden Nutzerverhaltens vom angegebenen Energieverbrauchskennwert ab.

* EFH – Einfamilienhäuser, MFH – Mehrfamilienhäuser

Modernisierungsempfehlungen zum Energieausweis

gemäß § 20 Energieeinsparverordnung

Gebäude

Adresse	Mozartstr. 18-20 50674 Köln	Hauptnutzung / Gebäudekategorie	Altbau

Empfehlungen zur kostengünstigen Modernisierung

☑ sind möglich ☐ sind nicht möglich

Empfohlene Modernisierungsmaßnahmen

Nr.	Bau- oder Anlagenteile	Maßnahmenbeschreibung
1	Außenwände	Dämmung der Aussenwände cmit 14cm WLG 035
2	oberste Geschossdecke / Dach	Dämmung des Daches
3	Kellerdecke / Bodenplatte	Dämmung der Decke über KG mit 12cm WLG 035
4		
5		
6		
7		
8		

☐ weitere Empfehlungen auf gesondertem Blatt

Hinweis: Modernisierungsempfehlungen für das Gebäude dienen lediglich der Information. Sie sind nur kurz gefasste Hinweise und kein Ersatz für eine Energieberatung.

Beispielhafter Variantenvergleich (Angaben freiwillig)

	Ist-Zustand	Modernisierungsvariante 1	Modernisierungsvariante 2
Modernisierung gemäß Nummern:			
Primärenergiebedarf [kWh/(m²·a)]			
Einsparung gegenüber Ist-Zustand [%]			
Endenergiebedarf [kWh/(m²·a)]			
Einsparung gegenüber Ist-Zustand [%]			
CO_2-Emissionen [kg/(m²·a)]			
Einsparung gegenüber Ist-Zustand [%]			

Aussteller

J. Haake
eah
Johann-Classen-Str. 93
51103 Köln

Unterschrift des Ausstellers

20.6.08 J. Haake

Datum Unterschrift

ARCHITEKT JÖRG HAAKE-MEYER * KÖLN *

ENERGIEAUSWEIS für Wohngebäude

gemäß den §§ 16 ff. Energieeinsparverordnung (EnEV)

Erläuterungen

4

Energiebedarf – Seite 2

Der Energiebedarf wird in diesem Energieausweis durch den Jahres-Primärenergiebedarf und den Endenergiebedarf dargestellt. Diese Angaben werden rechnerisch ermittelt. Die angegebenen Werte werden auf der Grundlage der Bauunterlagen bzw. gebäudebezogener Daten und unter Annahme von standardisierten Randbedingungen (z.B. standardisierte Klimadaten, definiertes Nutzerverhalten, standardisierte Innentemperatur und innere Wärmegewinne usw.) berechnet. So lässt sich die energetische Qualität des Gebäudes unabhängig vom Nutzerverhalten und der Wetterlage beurteilen. Insbesondere wegen standardisierter Randbedingungen erlauben die angegebenen Werte keine Rückschlüsse auf den tatsächlichen Energieverbrauch.

Primärenergiebedarf – Seite 2

Der Primärenergiebedarf bildet die Gesamtenergieeffizienz eines Gebäudes ab. Er berücksichtigt neben der Endenergie auch die so genannte „Vorkette" (Erkundung, Gewinnung, Verteilung, Umwandlung) der jeweils eingesetzten Energieträger (z. B. Heizöl, Gas, Strom, erneuerbare Energien etc.). Kleine Werte signalisieren einen geringen Bedarf und damit eine hohe Energieeffizienz und eine die Ressourcen und die Umwelt schonende Energienutzung. Zusätzlich können die mit dem Energiebedarf verbundenen CO_2-Emissionen des Gebäudes freiwillig angegeben werden.

Endenergiebedarf – Seite 2

Der Endenergiebedarf gibt die nach technischen Regeln berechnete, jährlich benötigte Energiemenge für Heizung, Lüftung und Warmwasserbereitung an. Er wird unter Standardklima- und Standardnutzungsbedingungen errechnet und ist ein Maß für die Energieeffizienz eines Gebäudes und seiner Anlagentechnik. Der Endenergiebedarf ist die Energiemenge, die dem Gebäude bei standardisierten Bedingungen unter Berücksichtigung der Energieverluste zugeführt werden muss, damit die standardisierte Innentemperatur, der Warmwasserbedarf und die notwendige Lüftung sichergestellt werden können. Kleine Werte signalisieren einen geringen Bedarf und damit eine hohe Energieeffizienz.

Die Vergleichswerte für den Energiebedarf sind modellhaft ermittelte Werte und sollen Anhaltspunkte für grobe Vergleiche der Werte dieses Gebäudes mit den Vergleichswerten ermöglichen. Es sind ungefähre Bereiche angegeben, in denen die Werte für die einzelnen Vergleichskategorien liegen. Im Einzelfall können diese Werte auch außerhalb der angegebenen Bereiche liegen.

Energetische Qualität der Gebäudehülle – Seite 2

Angegeben ist der spezifische, auf die wärmeübertragende Umfassungsfläche bezogene Transmissionswärmeverlust (Formelzeichen in der EnEV: H_T'). Er ist ein Maß für die durchschnittliche energetische Qualität aller wärmeübertragenden Umfassungsflächen (Außenwände, Decken, Fenster etc.) eines Gebäudes. Kleine Werte signalisieren einen guten baulichen Wärmeschutz.

Energieverbrauchskennwert – Seite 3

Der ausgewiesene Energieverbrauchskennwert wird für das Gebäude auf der Basis der Abrechnung von Heiz- und ggf. Warmwasserkosten nach der Heizkostenverordnung und/oder auf Grund anderer geeigneter Verbrauchsdaten ermittelt. Dabei werden die Energieverbrauchsdaten des gesamten Gebäudes und nicht der einzelnen Wohn- oder Nutzeinheiten zugrunde gelegt. Über Klimafaktoren wird der erfasste Energieverbrauch für die Heizung hinsichtlich der konkreten örtlichen Wetterdaten auf einen deutschlandweiten Mittelwert umgerechnet. So führen beispielsweise hohe Verbräuche in einem einzelnen harten Winter nicht zu einer schlechteren Beurteilung des Gebäudes. Der Energieverbrauchskennwert gibt Hinweise auf die energetische Qualität des Gebäudes und seiner Heizungsanlage. Kleine Werte signalisieren einen geringen Verbrauch. Ein Rückschluss auf den künftig zu erwartenden Verbrauch ist jedoch nicht möglich; insbesondere können die Verbrauchsdaten einzelner Wohneinheiten stark differieren, weil sie von deren Lage im Gebäude, von der jeweiligen Nutzung und vom individuellen Verhalten abhängen.

Gemischt genutzte Gebäude

Für Energieausweise bei gemischt genutzten Gebäuden enthält die Energieeinsparverordnung besondere Vorgaben. Danach sind - je nach Fallgestaltung - entweder ein gemeinsamer Energieausweis für alle Nutzungen oder zwei getrennte Energieausweise für Wohnungen und die übrigen Nutzungen auszustellen; dies ist auf Seite 1 der Ausweise erkennbar (ggf. Angabe „Gebäudeteil").

Der Bedarfsausweis

Der Bedarfsausweis sieht nahezu genauso aus wie der Verbrauchsausweis, jedoch enthält er zusätzliche Daten auf Seite 2. Der angegebene Endenergiebedarf ist der gesamte Energiebedarf eines Wohngebäudes zur Raumheizung, Lüftung, Warmwasserbereitung oder Kühlung einschließlich der dabei entstehenden Verluste und des Hilfsenergiebedarfs (elektrischer Strom) der Anlagentechnik. Der Endenergiebedarf gibt also an, wie viele Kilowattstunden Energie Sie dem Gebäude pro Quadratmeter Nutzfläche jährlich zuführen müssen. Auf der Basis dieses Wertes und der Brennstoffpreise können Sie die wahren Energiekosten des Gebäudes abschätzen. Als Immobilienbesitzer erfahren Sie auch den Istzustand Ihres Wohngebäudes nur über den Bedarfsausweis. Durch diesen können Sie auch erkennen, welche baulichen Maßnahmen an welchen Stellen möglichst schnell ausgeführt werden sollten.

§ 18 Ausstellung auf der Grundlage des Energiebedarfs (Auszug)

(2) Werden Energieausweise für bestehende Gebäude auf der Grundlage des berechneten Energiebedarfs ausgestellt, ist auf die erforderlichen Berechnungen § 9 Absatz 2 entsprechend anzuwenden. Die Ergebnisse sind in den Energieausweisen anzugeben, soweit ihre Angabe für Energiebedarfswerte in den Mustern der Anlagen 6 bis 8 vorgesehen ist.

Energieausweise, die als öffentlich-rechtliche Nachweise für die energetische Qualität von Neubauten und Sanierungen (energetischer Modernisierung) dienen, können nur auf Grundlage eines unter normierten Bedingungen ermittelten Energiebedarfs (Berechnung) ausgestellt werden. Bei Energieausweisen zur Dokumentation der energetischen Qualität von Bestandsgebäuden besteht weitgehend Wahlfreiheit, ob der berechnete Energiebedarf (Bedarfsausweis) oder der tatsächlich gemessene Energieverbrauch (Verbrauchsausweis) angegeben werden soll.

Jeder Energieausweis besteht aus mindestens vier Seiten:

Seite 1: Allgemeine Angaben zum Gebäude und Hinweis zum Ausweis.

Seite 2: Berechneter Energiebedarf des Gebäudes (Bedarfsausweis).

Seite 3: Erfasster Energiebedarf des Gebäudes (Verbrauchsausweis).

Seite 4: Erläuterungen zum Ausweis.

In die Energieausweise sind die Angaben einzutragen, welche für die jeweilige Ausweisart (Altbau, Sanierung, Neubau) vorgesehen sind. Die restlichen Stellen – gegebenenfalls auch ganze Seiten – bleiben leer, müssen aber dennoch vorgezeigt werden.

Weitere wichtige Neuerungen der EnEV 2009

§ 24 Ausnahmen

(1) Soweit bei Baudenkmälern oder sonstiger besonders erhaltenswerter Bausubstanz die Erfüllung der Anforderungen dieser Verordnung die Substanz oder das Erscheinungsbild beeinträchtigen oder andere Maßnahmen zu einem unverhältnismäßig hohen Aufwand führen, kann von den Anforderungen dieser Verordnung abgewichen werden.

(2) Soweit die Ziele dieser Verordnung durch andere als in dieser Verordnung vorgesehene Maßnahmen im gleichen Umfang erreicht werden, lassen die nach Landesrecht zuständigen Behörden auf Antrag Ausnahmen zu.

§ 25 Befreiungen

(1) Die nach Landesrecht zuständigen Behörden haben auf Antrag von den Anforderungen dieser Verordnung zu befreien, soweit die Anforderungen im Einzelfall wegen besonderer Umstände durch einen unangemessenen Aufwand oder in sonstiger Weise zu einer unbilligen Härte führen. Eine unbillige Härte liegt insbesondere vor, wenn die erforderlichen Aufwendungen innerhalb der üblichen Nutzungsdauer, bei Anforderungen an bestehende Gebäude innerhalb angemessener Frist durch die eintretenden Einsparungen nicht erwirtschaftet werden können.

(2) Eine unbillige Härte im Sinne des Absatzes 1 kann sich auch daraus ergeben, dass ein Eigentümer zum gleichen Zeitpunkt oder in nahem zeitlichen Zusammenhang mehrere Pflichten nach dieser Verordnung oder zusätzlich nach anderen öffentlich-rechtlichen Vorschriften aus Gründen der Energieeinsparung zu erfüllen hat und ihm dies nicht zuzumuten ist.

(3) Absatz 1 ist auf die Vorschriften des Abschnitts 5 nicht anzuwenden.

§ 26 Verantwortliche

(1) Für die Einhaltung der Vorschriften dieser Verordnung ist der Bauherr verantwortlich, soweit in dieser Verordnung nicht ausdrücklich ein anderer Verantwortlicher bezeichnet ist.

(2) Für die Einhaltung der Vorschriften dieser Verordnung sind im Rahmen ihres jeweiligen Wirkungskreises auch die Personen verantwortlich, die im Auftrag des Bauherrn bei der Errichtung oder Änderung von Gebäuden oder der Anlagentechnik in Gebäuden tätig werden.

§ 26a Private Nachweise

(1) Wer geschäftsmäßig an oder in bestehenden Gebäuden Arbeiten

1. zur Änderung von Außenbauteilen im Sinne des § 9 Absatz 1 Satz 1,

2. zur Dämmung oberster Geschossdecken im Sinne von § 10 Absatz 3 und 4, auch in Verbindung mit Absatz 5, oder

3. zum erstmaligen Einbau oder zur Ersetzung von Heizkesseln und sonstigen Wärmeerzeugersystemen nach § 13, Verteilungseinrichtungen oder Warmwasseranlagen nach § 14 oder Klimaanlagen oder sonstigen Anlagen der Raumlufttechnik nach § 15

durchführt, hat dem Eigentümer unverzüglich nach Abschluss der Arbeiten schriftlich zu bestätigen, dass die von ihm geänderten oder eingebauten Bau- oder Anlagenteile den Anforderungen dieser Verordnung entsprechen (Unternehmererklärung).

(2) Mit der Unternehmererklärung wird die Erfüllung der Pflichten aus den in Absatz 1 genannten Vorschriften nachgewiesen. Die Unternehmererklärung ist von dem Eigentümer mindestens fünf Jahre aufzubewahren. Der Eigentümer hat die Unternehmererklärungen der nach Landesrecht zuständigen Behörde auf Verlangen vorzulegen.

§ 26b Aufgaben des Bezirksschornsteinfegermeisters

(1) Bei heizungstechnischen Anlagen prüft der Bezirksschornsteinfegermeister als Beliehener im Rahmen der Feuerstättenschau, ob

1. Heizkessel, die nach § 10 Absatz 1, auch in Verbindung mit Absatz 5, außer Betrieb genommen werden mussten, weiterhin betrieben werden und

2. Wärmeverteilungs- und Warmwasserleitungen sowie Armaturen, die nach § 10 Absatz 2, auch in Verbindung mit Absatz 5, gedämmt werden mussten, weiterhin ungedämmt sind.

(2) Bei heizungstechnischen Anlagen, die in bestehende Gebäude eingebaut werden, prüft der Bezirksschornsteinfegermeister als Beliehener im Rahmen der ersten Feuerstättenschau nach dem Einbau außerdem, ob

1. Zentralheizungen mit einer zentralen selbsttätig wirkenden Einrichtung zur Verringerung und Abschaltung der Wärmezufuhr sowie zur Ein- und Ausschaltung elektrischer Antriebe nach § 14 Absatz 1 ausgestattet sind,

2. Umwälzpumpen in Zentralheizungen mit Vorrichtungen zur selbsttätigen Anpassung der elektrischen Leistungsaufnahme nach § 14 Absatz 3 ausgestattet sind,

3. bei Wärmeverteilungs- und Warmwasserleitungen sowie Armaturen die Wärmeabgabe nach § 14 Absatz 5 begrenzt ist.

(3) Der Bezirksschornsteinfegermeister weist den Eigentümer bei Nichterfüllung der Pflichten aus den in den Absätzen 1 und 2 genannten Vorschriften

schriftlich auf diese Pflichten hin und setzt eine angemessene Frist zu deren Nacherfüllung. Werden die Pflichten nicht innerhalb der festgesetzten Frist erfüllt, unterrichtet der Bezirksschornsteinfegermeister unverzüglich die nach Landesrecht zuständige Behörde.

(4) Die Erfüllung der Pflichten aus den in den Absätzen 1 und 2 genannten Vorschriften kann durch Vorlage der Unternehmererklärungen gegenüber dem Bezirksschornsteinfegermeister nachgewiesen werden. Es bedarf dann keiner weiteren Prüfung durch den Bezirksschornsteinfegermeister.

(5) Eine Prüfung nach Absatz 1 findet nicht statt, soweit eine vergleichbare Prüfung durch den Bezirksschornsteinfegermeister bereits auf der Grundlage von Landesrecht für die jeweilige heizungstechnische Anlage vor dem 1. Oktober 2009 erfolgt ist.

Anhang zur EnEV 2009 (Auszüge)

Anlage 3 zu den §§ 8 und 9

(Anforderungen bei Änderung von Außenbauteilen und bei Errichtung kleiner Gebäude; Randbedingungen und Maßgaben für die Bewertung bestehender Wohngebäude)

1. Außenwände

Soweit bei beheizten oder gekühlten Räumen Außenwände

a) ersetzt, erstmalig eingebaut

oder in der Weise erneuert werden, dass

b) Bekleidungen in Form von Platten oder plattenartigen Bauteilen oder Verschalungen sowie Mauerwerks-Vorsatzschalen angebracht werden,

c) Dämmschichten eingebaut werden oder

d) bei einer bestehenden Wand mit einem Wärmedurchgangskoeffizienten größer 0,9 W/(m²·K) der Außenputz erneuert wird,

sind die jeweiligen Höchstwerte der Wärmedurchgangskoeffizienten nach Tabelle 1 Zeile 1 einzuhalten. Bei einer Kerndämmung von mehrschaligem Mauerwerk gemäß Buchstabe c gilt die Anforderung als erfüllt, wenn der bestehende Hohlraum zwischen den Schalen vollständig mit Dämmstoff ausgefüllt wird. Beim Einbau von innenraumseitigen Dämmschichten gemäß Buchstabe c gelten die Anforderungen des Satzes 1 als erfüllt, wenn der Wärmedurchgangskoeffizient des entstehenden Wandaufbaus 0,35 W/(m²·K) nicht überschreitet. Werden bei Außenwänden in Sichtfachwerkbauweise, die der

Schlagregenbeanspruchungsgruppe I nach DIN 4108-3 : 2001-06 zuzuordnen sind und in besonders geschützten Lagen liegen, Maßnahmen gemäß Buchstabe a, c oder d durchgeführt, gelten die Anforderungen gemäß Satz 1 als erfüllt, wenn der Wärmedurchgangskoeffizient des entstehenden Wandaufbaus 0,84 W/(m²·K) nicht überschreitet; im Übrigen gelten bei Wänden in Sichtfachwerkbauweise die Anforderungen nach Satz 1 nur in Fällen von Maßnahmen nach Buchstabe b. Werden Maßnahmen nach Satz 1 ausgeführt und ist die Dämmschichtdicke im Rahmen dieser Maßnahmen aus technischen Gründen begrenzt, so gelten die Anforderungen als erfüllt, wenn die nach anerkannten Regeln der Technik höchstmögliche Dämmschichtdicke (bei einem Bemessungswert der Wärmeleitfähigkeit λ = 0,040 W/(m·K)) eingebaut wird.

2. Fenster, Fenstertüren, Dachflächenfenster und Glasdächer

Soweit bei beheizten oder gekühlten Räumen außen liegende Fenster, Fenstertüren, Dachflächenfenster und Glasdächer in der Weise erneuert werden, dass

a) das gesamte Bauteil ersetzt oder erstmalig eingebaut wird,

b) zusätzliche Vor- oder Innenfenster eingebaut werden oder

c) die Verglasung ersetzt wird,

sind die Anforderungen nach Tabelle 1 Zeile 2 einzuhalten. Satz 1 gilt nicht für Schaufenster und Türanlagen aus Glas. Bei Maßnahmen gemäß Buchstabe c gilt Satz 1 nicht, wenn der vorhandene Rahmen zur Aufnahme der vorgeschriebenen Verglasung ungeeignet ist. Werden Maßnahmen nach Buchstabe c ausgeführt und ist die Glasdicke im Rahmen dieser Maßnahmen aus technischen Gründen begrenzt, so gelten die Anforderungen als erfüllt, wenn eine Verglasung mit einem Wärmedurchgangskoeffizienten von höchstens 1,30 W/(m²·K) eingebaut wird. Werden Maßnahmen nach Buchstabe c an Kasten- oder Verbundfenstern durchgeführt, so gelten die Anforderungen als erfüllt, wenn eine Glastafel mit einer infrarot-reflektierenden Beschichtung mit einer Emissivität $\varepsilon_n \leq 0{,}2$ eingebaut wird. Werden bei Maßnahmen nach Satz 1

1. Schallschutzverglasungen mit einem bewerteten Schalldämmmaß der Verglasung von $R_{w,R} > 40$ dB nach DIN EN ISO 717-1 : 1997-01 oder einer vergleichbaren Anforderung oder

2. Isolierglas-Sonderaufbauten zur Durchschusshemmung, Durchbruchhemmung oder Sprengwirkungshemmung nach anerkannten Regeln der Technik oder

3. Isolierglas-Sonderaufbauten als Brandschutzglas mit einer Einzelelementdicke von mindestens 18 mm nach DIN 4102-13 : 1990-05 oder einer ver-

gleichbaren Anforderung

verwendet, sind abweichend von Satz 1 die Anforderungen nach Tabelle 1 Zeile 3 einzuhalten.

3. Außentüren

Bei der Erneuerung von Außentüren dürfen nur Außentüren eingebaut werden, deren Türfläche einen Wärmedurchgangskoeffizienten von 2,9 W/(m² K) nicht überschreitet. Nr. 2 Satz 2 bleibt unberührt.

4. Decken, Dächer und Dachschrägen

4.1 Steildächer

Soweit bei Steildächern Decken unter nicht ausgebauten Dachräumen sowie Decken und Wände (einschließlich Dachschrägen), die beheizte oder gekühlte Räume nach oben gegen die Außenluft abgrenzen,

a) ersetzt, erstmalig eingebaut

oder in der Weise erneuert werden, dass

b) die Dachhaut bzw. außenseitige Bekleidungen oder Verschalungen ersetzt oder neu aufgebaut werden,

c) innenseitige Bekleidungen oder Verschalungen aufgebracht oder erneuert werden,

d) Dämmschichten eingebaut werden,

e) zusätzliche Bekleidungen oder Dämmschichten an Wänden zum unbeheizten Dachraum eingebaut werden,

sind für die betroffenen Bauteile die Anforderungen nach Tabelle 1 Zeile 4a einzuhalten. Wird bei Maßnahmen nach Buchstabe b oder d der Wärmeschutz als Zwischensparrendämmung ausgeführt und ist die Dämmschichtdicke wegen einer innenseitigen Bekleidung oder der Sparrenhöhe begrenzt, so gilt die Anforderung als erfüllt, wenn die nach anerkannten Regeln der Technik höchstmögliche Dämmschichtdicke eingebaut wird. Die Sätze 1 und 2 gelten nur für opake Bauteile.

4.2 Flachdächer

Soweit bei beheizten oder gekühlten Räumen Flachdächer

a) ersetzt, erstmalig eingebaut

oder in der Weise erneuert werden, dass

b) die Dachhaut bzw. außenseitige Bekleidungen oder Verschalungen ersetzt oder neu aufgebaut werden,

c) innenseitige Bekleidungen oder Verschalungen aufgebracht oder erneuert werden,

d) Dämmschichten eingebaut werden,

sind die Anforderungen nach Tabelle 1 Zeile 4b einzuhalten. Werden bei der Flachdacherneuerung Gefälledächer durch die keilförmige Anordnung einer Dämmschicht aufgebaut, so ist der Wärmedurchgangskoeffizient nach DIN EN ISO 6946 : 1996-11 Anhang C zu ermitteln. Der Bemessungswert des Wärmedurchgangswiderstandes am tiefsten Punkt der neuen Dämmschicht muss den Mindestwärmeschutz nach § 7 Absatz 1 gewährleisten. Werden Maßnahmen nach Satz 1 ausgeführt und ist die Dämmschichtdicke im Rahmen dieser Maßnahmen aus technischen Gründen begrenzt, so gelten die Anforderungen als erfüllt, wenn die nach anerkannten Regeln der Technik höchstmögliche Dämmschichtdicke (bei einem Bemessungswert der Wärmeleitfähigkeit λ = 0,040 W/(m·K)) eingebaut wird. Die Sätze 1 bis 4 gelten nur für opake Bauteile.

5. Wände und Decken gegen unbeheizte Räume, Erdreich oder Außenluft nach unten

Soweit bei beheizten Räumen Decken oder Wände, die an unbeheizte Räume, an Erdreich oder nach unten an Außenluft grenzen,

a) ersetzt, erstmalig eingebaut

oder in der Weise erneuert werden, dass

b) außenseitige Bekleidungen oder Verschalungen, Feuchtigkeitssperren oder Drainagen angebracht oder erneuert,

c) Fußbodenaufbauten auf der beheizten Seite aufgebaut oder erneuert,

d) Deckenbekleidungen auf der Kaltseite angebracht oder

e) Dämmschichten eingebaut werden,

sind die Anforderungen nach Tabelle 1 Zeile 5 einzuhalten, wenn die Änderung nicht von Nr. 4.1 erfasst wird. Werden Maßnahmen nach Satz 1 ausgeführt und ist die Dämmschichtdicke im Rahmen dieser Maßnahmen aus technischen Gründen begrenzt, so gelten die Anforderungen als erfüllt, wenn die nach anerkannten Regeln der Technik höchstmögliche Dämmschichtdicke (bei einem Bemessungswert der Wärmeleitfähigkeit λ = 0,040 W/(m·K)) eingebaut wird.

6. Vorhangfassaden

Soweit bei beheizten oder gekühlten Räumen Vorhangfassaden in der Weise erneuert werden, dass das gesamte Bauteil ersetzt oder erstmalig eingebaut wird, sind die Anforderungen nach Tabelle 1 Zeile 2d einzuhalten. Werden bei Maßnahmen nach Satz 1 Sonderverglasungen entsprechend Nr. 2 Satz 2 verwendet, sind abweichend von Satz 1 die Anforderungen nach Tabelle 1 Zeile 3c einzuhalten.

7. Anforderungen

Tabelle 1: Höchstwerte der Wärmedurchgangskoeffizienten bei erstmaligem Einbau, Ersatz und Erneuerung von Bauteilen

Zeile	Bauteil	Maßnahme	Wohngebäude ≥ 19 °C Höchstwerte U_{max}
1	Außenwände	Nr. 1a bis d	0,24 W/(m² K)
2a	außen liegende Fenster	Nr. 2a und b	1,30 W/(m² K)
2b	Fenstertüren	Nr. 2a und b	1,40 W/(m² K)
2c	Dachflächenfenster	Nr. 2c	1,10 W/(m² K)
2d	Verglasungen	Nr. 6 Satz 1	1,50 W/(m² K)
2e	Vorhangfassaden, Glasdächer	Nr. 2a und c	2,00 W/(m² K)
3a	außen liegende Fenster, Fenstertüren, Dachflächenfenster mit Sonderverglasungen	Nr. 2a und b	2,00 W/(m² K)
3b	Sonderverglasungen	Nr. 2c	1,60 W/(m² K)
3c	Vorhangfassaden mit Sonderverglasungen	Nr. 6 Satz 2	2,30 W/(m² K)
4a	Decken, Dächer und Dachschrägen	Nr. 4.1	0,24 W/(m² K)
4b	Flachdächer	Nr. 4.2	0,20 W/(m² K)
5a	Decken und Wände gegen unbeheizte Räume oder Erdreiche	Nr. 5a, b, d und e	0,30 W/(m² K)

5b	Fußbodenaufbauten	Nr. 5c	0,50 W/(m² K)
5c	Decken nach unten an Außenluft	Nr. 5a bis e	0,24 W/(m² K)

8. Randbedingungen und Maßgaben für die Bewertung bestehender Wohngebäude (zu § 9 Absatz 2)

Die Berechnungsverfahren nach Anlage 1 Nr. 2 sind bei bestehenden Wohngebäuden mit folgenden Maßgaben anzuwenden:

8.1 Wärmebrücken

Wärmebrücken sind in dem Falle, dass mehr als 50 vom Hundert der Außenwand mit einer innen liegenden Dämmschicht und einbindender Massivdecke versehen sind, durch Erhöhung der Wärmedurchgangskoeffizienten um ΔU_{WB} = 0,15 W/(m² K) für die gesamte wärmeübertragende Umfassungsfläche zu berücksichtigen.

8.2 Luftwechselrate

Die Luftwechselrate ist bei der Berechnung abweichend von DIN V 4108-6 : 2003-06 Tabelle D.3 Zeile 8 bei offensichtlichen Undichtheiten, wie bei Fenstern ohne funktionstüchtige Lippendichtung oder bei beheizten Dachgeschossen mit Dachflächen ohne luftdichte Ebene, mit 1,0 h^{-1} anzusetzen.

8.3 Ermittlung des solaren Gewinns

Bei der Ermittlung der solaren Gewinne nach DIN V 18599: 2007-02 oder DIN V 4108-6 : 2003-06 Abschnitt 6.4.3 ist der Minderungsfaktor für den Rahmenanteil von Fenstern mit F_F = 0,6 anzusetzen.

Anlage 4 zu § 6

(Anforderungen an die Dichtheit und den Mindestluftwechsel)

1. Anforderungen an außen liegende Fenster, Fenstertüren und Dachflächenfenster

Außen liegende Fenster, Fenstertüren und Dachflächenfenster müssen den Klassen nach Tabelle 1 entsprechen.

Tabelle 1: Klassen der Fugendurchlässigkeit von außen liegenden Fenstern, Fenstertüren und Dachflächenfenstern

Zeile	Anzahl der Vollgeschosse des Gebäudes	Klasse der Fugendurchlässigkeit nach DIN EN 12207-1 : 2000-06

1	bis zu 2	2
2	mehr als 2	3

2. Nachweis der Dichtheit des gesamten Gebäudes

Wird bei Anwendung des § 6 Absatz 1 Satz 3 eine Überprüfung der Anforderungen nach § 6 Absatz 1 durchgeführt, darf der nach DIN EN 13829 : 2001-02 bei einer Druckdifferenz zwischen innen und außen von 50 Pa gemessene Volumenstrom – bezogen auf das beheizte oder gekühlte Luftvolumen – bei Gebäuden

- ohne raumlufttechnische Anlagen 3,0 h und
- mit raumlufttechnischen Anlagen 1,5 h

nicht überschreiten.

Anlage 4a zu § 13 Absatz 2

(Anforderungen an die Inbetriebnahme von Heizkesseln und sonstigen Wärmeerzeugersystemen)

In Fällen des § 13 Absatz 2 sind der Einbau und die Aufstellung zum Zwecke der Inbetriebnahme nur zulässig, wenn das Produkt aus Erzeugeraufwandszahl e_g und Primärenergiefaktor f_p nicht größer als 1,30 ist. Die Erzeugeraufwandszahl e_g ist nach DIN V 4701-10 : 2003-08 Tabellen C.3-4b bis C.3-4f zu bestimmen. Soweit Primärenergiefaktoren nicht unmittelbar in dieser Verordnung festgelegt sind, ist der Primärenergiefaktor f_p für den nicht erneuerbaren Anteil nach DIN V 4701-10 : 2003-08, geändert durch A1 : 2006-12, zu bestimmen. Werden Niedertemperatur-Heizkessel oder Brennwertkessel als Wärmeerzeuger in Systemen der Nahwärmeversorgung eingesetzt, gilt die Anforderung des Satzes 1 als erfüllt.

Anlage 5 zu § 10 Absatz 2, § 14 Absatz 5 und § 15 Absatz 4

(Anforderungen an die Wärmedämmung von Rohrleitungen und Armaturen)

1. In Fällen des § 10 Absatz 2 und des § 14 Absatz 5 sind die Anforderungen der Zeilen 1 bis 7 und in Fällen des § 15 Absatz 4 der Zeile 8 der Tabelle 1 einzuhalten, soweit sich nicht aus anderen Bestimmungen dieser Anlage etwas anderes ergibt.

Tabelle 1: Wärmedämmung von Wärmeverteilungs- und Warmwasserleitungen, Kälteverteilungs- und Kaltwasserleitungen sowie Armaturen

Zeile	Art der Leitungen, Armaturen	Mindestdicke der Dämmschicht, bezogen auf eine Wärmeleitfähigkeit von 0,35 W/(m² K)
1	Innendurchmesser bis 22 mm	20 mm
2	Innendurchmesser über 22 mm bis 35 mm	30 mm
3	Innendurchmesser über 35 mm bis 100 mm	gleich Innendurchmesser
4	Innendurchmesser über 100 mm	100 mm
5	Leitungen und Armaturen nach den Zeilen 1 bis 4 in Wand- und Deckendurchbrüchen, im Kreuzungsbereich von Leitungen, an Leitungsverbindungsstellen, bei zentralen Leitungsnetzverteilern	½ der Anforderungen der Zeilen 1 bis 4
6	Leitungen von Zentralheizungen nach den Zeilen 1 bis 4, die nach dem 31. Januar 2002 in Bauteilen zwischen beheizten Räumen verschiedener Nutzer verlegt werden	½ der Anforderungen der Zeilen 1 bis 4
7	Leitungen nach Zeile 6 im Fußbodenaufbau	6 mm
8	Kälteverteilungs- und Kaltwasserleitungen sowie Armaturen von Raumlufttechnik- und Klimakältesystemen	6 mm

Soweit in Fällen des § 14 Absatz 5 Wärmeverteilungs- und Warmwasserleitungen an Außenluft grenzen, sind diese mit dem Zweifachen der Mindestdicke nach Tabelle 1 Zeile 1 bis 4 zu dämmen.

2. In Fällen des § 14 Absatz 5 ist Tabelle 1 nicht anzuwenden, soweit sich Leitungen von Zentralheizungen nach den Zeilen 1 bis 4 in beheizten Räumen oder in Bauteilen zwischen beheizten Räumen eines Nutzers befinden und ihre Wärmeabgabe durch frei liegende Absperreinrichtungen beeinflusst werden kann. In Fällen des § 10 Absatz 2 und des § 14 Absatz 5 ist Tabelle 1 nicht anzuwenden auf Warmwasserleitungen bis zu einer Länge von 4 m, die weder in den Zirkulationskreislauf einbezogen noch mit elektrischer Begleitheizung ausgestattet sind (Stichleitungen).

3. Bei Materialien mit anderen Wärmeleitfähigkeiten als 0,035 W/(m·K) sind die Mindestdicken der Dämmschichten entsprechend umzurechnen. Für die Umrechnung und die Wärmeleitfähigkeit des Dämmmaterials sind die in anerkannten Regeln der Technik enthaltenen Berechnungsverfahren und Rechenwerte zu verwenden.

4. Bei Wärmeverteilungs- und Warmwasserleitungen sowie Kälteverteilungs- und Kaltwasserleitungen dürfen die Mindestdicken der Dämmschichten nach Tabelle 1 insoweit vermindert werden, als eine gleichwertige Begrenzung der Wärmeabgabe oder der Wärmeaufnahme auch bei anderen Rohrdämmstoffanordnungen und unter Berücksichtigung der Dämmwirkung der Leitungswände sichergestellt ist.

Anhang

Informationen und Beratung im Internet

www.bafa.de: Bundesamt für Wirtschaft und Ausfuhrkontrolle: Durchführung des Marktanreizprogramms des Bundesministeriums für Umwelt, Naturschutz und Reaktorsicherheit zur Förderung erneuerbarer Energien sowie aktuelle Informationen zu Förderprogrammen

www.bine.info: BINE Informationsdienst: allgemeine Informationen und Objektvorstellungen zu energetischen Themen rund ums Bauen

www.bingk.de: Bundesingenieurkammer: Informationen für Ingenieure

www.bmu.de: Bundesministerium für Umwelt, Naturschutz und Reaktorsicherheit

www.bundesarchitektenkammer.de: Informationen für und über Architekten; Gesetze, Vorschriften usw.

www.dena.de: Deutsche Energie-Agentur: Informationen zur Energieeffizienz im Gebäudebereich

www.energieverbraucher.de: Rechner für Energieverbraucher

www.erneuerbareenergien.de: Hintergrundinformationen, Statistiken, Downloads zu erneuerbaren Energien

www.kfw.de: KfW-Förderbank: Informationen zu Fördermaßnahmen, Zuschüssen, Finanzierungsformen; aktuelle Merkblätter, Antragsformulare usw.

www.vbi.de: Verband Beratender Ingenieure

www.zukunftaltbau.de: „Zukunft Altbau" ist ein Programm des Umweltministeriums Baden-Württemberg. Projektträgerin ist die KEA Klimaschutz- und Energieagentur Baden-Württemberg GmbH.

Glossar

Abwärme: Nebenprodukt beim Betrieb technischer Geräte oder Anlagen (Abwärme muss in der Regel in geeigneter Form abgeleitet werden, um das Überhitzen des Gerätes oder der Anlage zu verhindern. Sie birgt ein großes Effizienzpotenzial, das man durch Wärmerückgewinnung gezielt zu nutzen versucht.).

Aquiferspeicher: Wärme- oder Kältespeicher in einer wasserführenden Schicht.

ATV: siehe *Vergabe- und Vertragsordnung für Bauleistungen*

Aufschluss: Mittel und Maßnahmen zur Feststellung von Art, Aufbau und Verbreitung des anstehenden Bodens und Fels sowie der Grundwasserverhältnisse.

Aufwandszahl: Verhältnis von Aufwand zu erwünschtem Nutzen (Bedarf) bei einem Energiesystem.

Ausnutzungsgrad: Faktor, der den gesamten monatlichen oder jahreszeitlichen inneren und passiv-solaren Wärmegewinn reduziert, um dessen nutzbaren Teil zu erhalten.

Außentemperatur: Außenlufttemperatur.

Baubehörde: Zuständig für die Genehmigung eines Bauantrages.

Baugenehmigung: Prüfung nach dem öffentlichen Baurecht, ob und in welchem Umfang das vorhandene Gebäude geändert werden darf (Ohne gültige Baugenehmigung darf nicht mit den baulichen Veränderungen begonnen werden.)

Baugesetzbuch: alle baurechtlichen Bestimmungen, die für einen Bauplan gelten.

Baugrund: Boden bzw. Fels einschließlich aller Inhaltsstoffe (z.B. Grundwasser, Kontamination), in und auf dem Bauwerke gegründet bzw. eingebettet werden sollen bzw. sind oder der durch Baumaßnahmen beeinflusst wird.

Bauleiter: Nach den Landesbauordnungen (LBO) muss ein Bauleiter für genehmigungspflichtige Renovierungs- oder Umbaumaßnahmen benannt werden. Er ist gegenüber seinem Auftraggeber verantwortlich, wenn Gesetze und Vorschriften nicht eingehalten werden.

Baustoffklassen: Baustoffe müssen auf ihr Verhalten bei Brand überprüft und entsprechend in Baustoffklassen eingeteilt sein. Die höchste Klasse ist A (nicht brennbar); brennbare Materialien sind alle in Klasse B eingeordnet. Geprüft wird nach DIN 4102.

Bauvertrag: Vereinbarung zwischen dem Auftraggeber (Immobilienbesitzer, Handlungsbevollmächtigter) und dem Bauunternehmer bzw. Handwerker zur

Erbringung einer vereinbarten Leistung (Es gibt den BGB-Vertrag und den VOB-Vertrag, beide werden nach dem Werkvertragsrecht geschlossen.).

Beheizte Räume: Im Sinne der EnEV solche Räume, die aufgrund bestimmungsgemäßer Nutzung direkt oder durch Raumverbund beheizt werden.

Bezugsvolumen (Bruttovolumen): Das anhand der Außenmaße eines Gebäudes ermittelte und von der wärmeübertragenden Gebäudehülle (Systemgrenze) umschlossene Volumen.

Biomasse: Alle organischen Stoffe pflanzlichen oder tierischen Ursprungs, aus denen sich Energie gewinnen lässt.

Bitumen-Schweißbahn: Dachbahn aus einem Trägermaterial, z.B. Glasvlies, beidseitig mit Bitumen beschichtet (Mit der offenen Flamme wird das Bitumen verflüssigt. Auf diese Weise werden mehrere Lagen Dachbahnen überlappend miteinander verbunden und wasser- bzw. regendicht verschweißt.).

Bivalenter Betrieb: Betrieb mit zwei Wärmequellen.

Blower-Door-Test: Bei diesem Test wird im Gebäude durch Absaugen der Luft ein Unterdruck erzeugt. Dann wird gemessen, wie schnell sich der Unterdruck wieder abbaut, und daraus die Luftwechselrate errechnet. Eine Rate von 3,0 pro Stunde gilt für Normalgebäude als zulässig.

Brennwert/Heizwert: Der Brennwert (früher „oberer Heizwert“ genannt) gibt an, wie viel Wärmeenergie einschließlich der im Wasserdampf enthaltenen Verdampfungswärme bei der Verbrennung insgesamt frei wird.

Brennwertkessel: Im Sinne der EnEV ein Kessel, der für die Kondensation eines Großteils des in den Abgasen enthaltenen Wasserdampfes konstruiert ist

Brennwerttechnik: Technik, bei der die im Abgas von Heizkesseln enthaltenen Wasserdampfanteile (Kondensationswärme) zusätzlich genutzt werden, besonders bei Gaskesseln.

Brunnen: Schacht oder Bohrloch bis in den Grundwasserleiter, um daraus Grundwasser zu fördern oder zu versickern.

Dachsparren (auch Sparren): Holzbalken, Stahl- oder Stahlbetonträger, die die statisch tragende Basis des Dachstuhls beim Steildach bilden.

Dämmstoffe: Dienen je nach Zulassung der Geräuschdämmung (Schallschutz) und verhindern Wärmeverluste (Wärmeschutz), um z.B. die von der EnEV vorgeschriebenen Werte zu erreichen; Unterscheidung zwischen Mineralwolle-Dämmstoffen, geschäumten Dämmstoffen, z.B. aus Polystyrol, Polyurethan oder Glasschaum, sowie „ökologischen“ Dämmstoffen wie Schafwolle, Kokos-, Hanf- oder Zellulosefasern.

Dampfdiffusion: Physikalische Fähigkeit, Wasserdampf durch das Material (den Baustoff) dringen (diffundieren) zu lassen.

Deckungsanteil: Dimensionsloser Energieanteil (0-1), den ein System zur Deckung des Jahresheizwärmebedarfs bzw. Trinkwasser-Wärmebedarfs eines Gebäudes oder Bereichs beiträgt.

Dezentrale Heizungsanlage: Heizungssystem, bei dem die Wärme in einem Gerät erzeugt und im gleichen Raum übergeben wird; mögliches Wärmeträgermedium: Wasser oder Luft.

Dezentrale Trinkwassererwärmungsanlage: System, bei dem die Wärme zur Trinkwassererwärmung in einem Gerät erzeugt und im gleichen Raum übergeben wird; auch die Versorgung von zwei Räumen durch ein Gerät über eine gemeinsame Installationswand.

DIN-Normen: Anerkannte Regeln der Bautechnik, die bei der Planung, Ausschreibung und besonders bei der Ausführung von der Bauleitung und dem ausführenden Unternehmen eingehalten werden müssen.

Endenergiebedarf (Q_E): Energiemenge, die zur Deckung des Jahresheizenergiebedarfs Q_H und des Trinkwasserwärmebedarfs Q_W (Bedarf und Aufwand der Anlagentechnik) benötigt wird; ermittelt an der Systemgrenze des betrachteten Gebäudes (Zusätzliche Energiemengen, die durch vorgelagerte Prozessketten bei der Erzeugung des jeweils eingesetzten Brennstoffs entstehen, werden nicht mit einbezogen.).

Energiebedarf: Energiemenge, die in die Heizanlage eines Gebäudes hineingeht und als Verbrauch abgerechnet wird.

Energiepfähle: Gründungspfähle, die statisch wie auch thermisch genutzt werden.

EnEV: Die Energieeinsparverordnung (EnEV) definiert Mindeststandards sowohl für neue als auch für bestehende Wohngebäude (Altbauten) hinsichtlich der Isolationseigenschaften und Qualität der Gebäude- und Anlagentechnik. Die EnEV und die von ihr in Bezug genommenen Normen (DIN und EN DIN) legen fest, wie der Primär-, End- und Heizenergiebedarf zu berechnen und welche Grenzwerte einzuhalten sind.

Erneuerbare Energien: Im Sinne der EnEV Energien, die zu Zwecken der Heizung, Warmwasserbereitung, Kühlung oder Lüftung von Gebäuden eingesetzt und im räumlichen Zusammenhang dazu gewonnen werden; z.B. solare Strahlungsenergie, Umweltwärme, Geothermie und Energie aus Biomasse.

Erzeugung: Prozessbereich in der Anlagentechnik, in dem die Energiemenge bereitgestellt wird, die vom Gesamtsystem benötigt wird.

Fachregeln des Deutschen Dachdeckerhandwerks (ZVDH): Fachregeln für Flach- und Steildächer.

Feuchtegehalt (Hygroskopizität): Eigenschaft eines Baustoffs (in Prozent der Masse oder des Volumens), Luftfeuchte aufzunehmen und zu speichern (Je nach Feuchtigkeit der Umgebungsluft und Baustoff stellt sich eine bestimmte „Gleichgewichtsfeuchte" ein.).

Flachdach: Im Gegensatz zum Steildach alle Dachflächen, die weniger als zehn Grad Dachneigung haben.

Flachdachrichtlinien: Regeln für Flachdachabdichtungen nach dem Deutschen Dachdeckerhandwerk (ZVDH) vom Oktober 2008.

Förderbrunnen: Schacht oder Bohrung in den Grundwasserleiter, um Grundwasser an die Oberfläche zu fördern.

Förderprogramme: Bund, Länder und einzelne Kommunen fördern die energetische Sanierung von Wohngebäuden mit Zuschüssen und/oder zinsgünstigen Krediten. Es gibt auch spezielle Förderprogramme für den Einsatz alternativer Energien.

Fotovoltaik (Photovoltaik): Umwandlung von Strahlungsenergie, hauptsächlich Sonnenenergie, in elektrische Energie über dafür konstruierte Bauelemente auf Dach und Fassade.

Geothermie: Oberbegriff für die thermische Nutzung von Baugrund und Grundwasser.

Geothermiekollektor: Ein in geringer Tiefe üblicherweise horizontal eingebauter Wärmeaustauscher.

Geothermiesonde (Erdwärmesonde): Vertikal oder geneigt eingebauter Wärmeaustauscher.

Gewerk: Bezeichnung für die verschiedenen Fachrichtungen aller am Bau tätigen Unternehmen und Handwerker (z.B. Maurer, Maler, Dachdecker, Betonbauer, Schreiner, Zimmerer, Trockenbauer, Stuckateure, Klempner, Installateure usw.).

Grundwasser: Unterirdisches Wasser, das Hohlräume der Erde zusammenhängend ausfüllt und dessen Bewegungsmöglichkeit ausschließlich durch die Schwerkraft bestimmt wird.

Grundzyklus: Betriebsphase eines Biomasse-Wärmeerzeugers, beginnend mit dem Verbrennungsstart bei Raumtemperatur über Feuerung bis zum Erreichen des stationären Betriebs, anschließend Abkühlung des Biomasse-Wärmeerzeugers bis auf Raumtemperatur.

Heizenergiebedarf (Q_H): Energie, die dem Heizsystem zugeführt werden muss, um den Heizwärmebedarf decken zu können.

Heizkessel: Im Sinne der EnEV der aus Kessel und Brenner bestehende Wärmeerzeuger, der zur Übertragung der durch Verbrennung freigesetzten Wärme an den Wärmeträger Wasser benötigt wird.

Heizperiode: Zeit der Beheizung eines Gebäudes, während der die mittleren Außenlufttemperaturen niedriger als die Heizgrenztemperaturen sind und die von meteorologischen Größen und den wärmetechnischen Gebäudeeigenschaften abhängt.

Heizwärmebedarf, Jahres-Heizwärmebedarf (Q_h): Wärme, die den beheizten Räumen zugeführt werden muss, um die innere Solltemperatur der beheizten Räume einzuhalten (Dies entspricht dem Heizwärmebedarf nach 3.1.4 der DIN V 4108-6, soweit dieser nicht mit einem Lüftungswärmebedarf bestimmt wird, der aufgrund von Wärmerückgewinnung abgemindert ist. Soweit bei der Berechnung nach DIN EN 832 oder DIN V 4108-6 eine Wärmerückgewinnung berücksichtigt wird, entspricht der Heizwärmebedarf nach der vorliegenden Vornorm der Summe aus dem Jahres-Heizwärmebedarf nach DIN V 4108-6 und Q_{WR} nach DIN V 4108-6 Gleichung 49.).

Hilfsenergie (HE): Energie (Strom), die nicht zur unmittelbaren Deckung des Heizwärmebedarfs bzw. der Trinkwassererwärmung eingesetzt wird (z.B. Energie für den Antrieb von Systemkomponenten wie Umwälzpumpen sowie Energie für die Rohrbegleitheizung bei der Trinkwassererwärmung).

Honorarordnung für Architekten und Ingenieure (HOAI): gesetzliche Regelung über die Höhe und den Umfang des Honorars dieser Berufsgruppen.

Hüllfläche: Äußere wärmetauschende Oberfläche des Gebäudes, die die Systemgrenze bildet.

Innentemperatur (Raumtemperatur): empfundene, nicht berechnete Temperatur im Innern eines Gebäudes, die der Ermittlung des Heizwärmebedarfs zugrunde gelegt wird.

Inspektion: Maßnahmen zur Feststellung und Beurteilung des Istzustandes von technischen Mitteln eines Systems.

Instandhaltung: Maßnahmen zur Bewahrung und Wiederherstellung des Sollzustandes und zur Feststellung des Istzustandes von technischen Mitteln eines Systems.

Instandsetzung: Maßnahmen zur Wiederherstellung des Sollzustandes von technischen Mitteln eines Systems.

Jahresprimärenergiebedarf: Bedarf an primärer Energie (Öl, Gas, Kohle usw.) zur Beheizung eines Gebäudes innerhalb eines Jahres.

KWK-Anlage: Anlage mit Kraft-Wärme-Kopplung zur Beheizung von Gebäuden

Leistungszahl (Coefficient of Performance): Verhältnis von abgegebener Wärmeleistung zu aufgenommener Antriebsleistung der Wärmepumpe

Luftdichtheit (Winddichtigkeit): In der EnEV geforderte Abdichtung eines Gebäudes mit technischen Mitteln, meist mit speziellen Folien, gegen innere Druckunterschiede (Thermik wegen der Temperaturdifferenz zwischen innen und außen); kann bei mangelhafter Ausführung zu Bauschäden führen.

Modernisierung: Maßnahmen, die durch eine Erneuerung von Anlagen und Bauteilen, unabhängig von deren gegenwärtigem Zustand, zu einer Verbesserung der Nutzungsqualität oder Senkung der Nutzungskosten führen.

Monovalenter Betrieb: Betrieb einer Anlage mit einer Wärmequelle.

Nennleistung: Im Sinne der EnEV die vom Hersteller festgelegte und im Dauerbetrieb unter Beachtung des vom Hersteller angegebenen Wirkungsgrades als einhaltbar garantierte größte Wärme- bzw. Kälteleistung in Kilowatt.

Niedertemperatur-Heizkessel: Heizkessel, der kontinuierlich mit einer Eintrittstemperatur von 35 bis 40 Grad Celsius betrieben werden kann und in dem es unter bestimmten Umständen zur Kondensation des in den Abgasen enthaltenen Wasserdampfes kommen kann.

Niedrigenergiehausstandard: Standard mit in der EnEV festgelegten Grenzwerten, nach dem heute Neubauten errichtet werden müssen; für Altgebäude bei Nachrüstung empfehlenswert

Nutzenergiebedarf: Energiemenge, die vom Heizsystem unter normierten Bedingungen abgegeben werden muss, um den Heizwärmebedarf und den Trinkwasser-Wärmebedarf decken zu können.

Nutzfläche: Nach EnEV festgelegt als $A_N = 0{,}32\ V_e$.

Oberflächennahe Geothermie: die geothermische Nutzung des Baugrundes bis 400 m Tiefe.

Perimeterdämmung: Wärmedämmung von erdberührenden Bauteilen mit speziell dafür zugelassenen Wärmedämmstoffen, z.B. bei Kellerwänden, unter Bodenplatten etc.

Primärenergiebedarf (Q_P): Energiemenge, die zur Deckung des Jahresheizenergiebedarfs Q_H und des Trinkwasser-Wärmebedarfs Q_{TW} (Bedarf und Aufwand der Anlagentechnik) benötigt wird, unter Berücksichtigung der zusätzlichen Energiemenge, die durch vorgelagerte Prozessketten außerhalb der Systemgrenze

„Gebäude" bei der Gewinnung, Umwandlung und Verteilung der jeweiligen Brennstoffe eingesetzt wird; Energiebedarf für die gesamte Haustechnik.

Primärenergiefaktor: Faktor, der zur Bereitstellung von Energie aufgewendet werden muss; je höher dieser Wert, desto ungünstiger der Energieträger.

Rohgewicht (Rohdichte): Je niedriger das Rohgewicht eines Stoffes, desto besser seine wärmedämmende Eigenschaft, desto geringer aber auch seine Druckfestigkeit und Wärmespeicherfähigkeit.

Sanierung: die komplette Instandsetzung bestimmter beschädigter oder zerstörter Bauteile, aber auch kleinere Reparaturen oder umfassende Modernisierungsmaßnahmen.

Schluckbrunnen (auch Infiltrations- oder Versickerbrunnen): Brunnen zur Versickerung bzw. Infiltration von Wasser in einen Grundwasserleiter (Rückführung des entnommenen Grundwassers).

Sole: eigentlich Lösung eines Salzes im Wasser; oft synonym für Wärmeträgerflüssigkeit.

Speicherung: Prozessbereich der Anlagentechnik, in dem in einem Medium enthaltene Wärme gespeichert wird; bei Heizkreisen der Pufferspeicher (z.B. Wärmepumpenanlage), bei der Trinkwassererwärmung der Warmwasserspeicher.

Spezifischer Wärmeverlust: Wärmestromkoeffizient einer beheizten Zone zur äußeren Umgebung; auf die Differenz zwischen Innen- und Außenlufttemperatur bezogener Wärmeverlust eines Gebäudes infolge von Transmission oder Lüftung.

Steildach: Geneigte Dachflächen ab zehn Grad Dachneigung.

Systemgrenze: gesamte Außenoberfläche des Gebäudes bzw. der beheizten Zone eines Gebäudes, über die der Heizwärmebedarf mit einer bestimmten Innentemperatur ermittelt wird (Inbegriffen sind alle Räume, die direkt oder indirekt durch Raumverbund – Diele, Hausflur usw. – beheizt werden. Räume, die bestimmungsgemäß nicht zur Beheizung vorgesehen sind, liegen außerhalb der Systemzone.).

Temperaturzone: Räume, die beheizt werden und im zeitlichen Durchschnitt die gleiche Raumtemperatur aufweisen.

TGA: Technische Gebäudeausrüstung, auch Technische Ausrüstung (TA).

Tiefengeothermie: Geothermische Nutzung des Untergrundes ab 400 m Tiefe.

Trinkwasser-Energiebedarf (Q_{TW}): Energie, die dem Trinkwassersystem zugeführt werden muss, um den Trinkwasser-Wärmebedarf decken zu können.

Trinkwasser-Wärmebedarf (Q_{tw}): Nutzwärme, die zur Erwärmung der gewünschten Menge Trinkwasser zugeführt werden muss.

Übergabe: Prozessbereich in der Anlagentechnik, bei dem Energie unter Einhaltung festgelegter Anforderungen z.B. in den Raum übergeben wird.

Unterspannbahn: Eine unter die Dacheindeckung verlegte Folie, die als zweite wasserführende Ebene zusätzlich vor Regen- und Schneeeintrieb in das Dach schützt.

Verdampfer: Wärmeaustauscher, in dem eine Flüssigkeit verdampft (Die Oberflächentemperatur des Verdampfers muss niedriger sein als die Temperatur des wärmeabgebenden Mediums. Durch Drucksenkung wird das flüssige Medium zum Verdampfen gebracht und entzieht dem anderen Medium die dafür nötige Verdampfungswärme.).

Vergabe- und Vertragsordnung für Bauleistungen (VOB): Die VOB setzt sich aus drei Teilen zusammen: Teil A enthält die allgemeinen Bestimmungen für die Vergabe von Bauleistungen, Teil B die allgemeinen Vertragsbedingungen für die Ausführung von Bauleistungen und Teil C die allgemeinen technischen Vertragsbedingungen für Bauleistungen (ATV). Gültig ist zurzeit die Ausgabe von 2006.

Verteilung: Prozessbereich der Anlagentechnik, in dem die benötigte Energiemenge von der Erzeugung zum Wärmeübergabesystem transportiert wird.

Wärmeaustauscher (Wärmetauscher): Vorrichtung zum Übertragen von Wärmeenergie zwischen den Medien verschiedener Systeme mit stofflicher Trennung.

Wärmedämmverbundsystem (WDVS): aus einem geeigneten Wärmedämmstoff, Armierungsgewebe und einem darauf abgestimmten Kunststoff-Außenputz als Witterungsschutz bestehendes System, geeignet für die nachträgliche außenseitige Wärmedämmung von Altbauten bei festen, tragfähigen Untergründen (Putz, Mauerwerk, Beton usw.).

Wärmedurchgangskoeffizient (U-Wert): Wärmemenge, die durch einen Quadratmeter eines Bauteils hindurchfließt, wenn die Temperaturdifferenz der abgrenzenden Luftschicht 1 Kelvin beträgt; je kleiner der U-Wert, desto besser die Wärmedämmung des Bauteils.

Wärmeenergie (WE): Energie, die unmittelbar zur Deckung des Heizwärmebedarfs bzw. zur Trinkwassererwärmung eingesetzt wird; beispielsweise aus Öl, Gas, Holz oder Strom.

Wärmeleitfähigkeit: Sie wird durch den stoffabhängigen Zahlenwert Lambda (λ) beschrieben; je niedriger dieser Wert, desto besser die Wärmedämmfähigkeit des Materials.

Wämeleitfähigkeitsgruppe: Gruppe, in die ein Wärmedämmstoff entsprechend seiner Wärmeleitfähigkeit eingeteilt ist.

Wärmepumpe: Gerät, das der Luft, dem Erdreich oder Wasser Wärme entzieht und diese Energie über ein Trägermedium für Heizung und Warmwasserbereitung nutzbar macht.

Wärmeschutzverglasung: Verglasung mit hauchdünner Edelmetallschicht, die auf die Scheibe aufgedampft wurde; dadurch wesentlich bessere Dämmwirkung gegenüber der bisher üblichen Zwei-Scheiben-Isolierverglasung (Wärme gelangt von außen in den Raum und kann ihn nicht mehr verlassen.).

Wärmespeichervermögen: Je mehr Wärme ein Stoff speichern kann, desto langsamer reagiert er bei Aufheizung oder Abkühlung. Diesen Vorgang bezeichnet man als „Amplitudendämpfung". Wird der Wärmedämmwert mit der Rohdichte eines Stoffes multipliziert, ergibt sich die Wärmespeicherungszahl.

Wärmestromkoeffizient: Wärmestrom zwischen zwei Zonen, geteilt durch die Temperaturdifferenz zwischen beiden Zonen.

Wartung: Maßnahmen zur Bewahrung des Sollzustandes von technischen Mitteln eines Systems.

Wasserdampfdiffusionswiderstandszahl: gibt den Widerstand in μ an, den ein Stoff der Dampfdiffusion entgegensetzt; je niedriger dieser Wert, desto weniger Wasserdampf wandert von der warmen zur kalten Seite eines Bauteils

Wirksame Wärmespeicherfähigkeit: Teilbetrag der Wärmespeicherfähigkeit eines Gebäudes, der einen Einfluss auf den Heizwärmebedarf und auf die sommerliche Raumkonditionierung hat; wird für Sommer und Winter unterschiedlich ermittelt.

Wirkungsgrad: Verhältnis zwischen aufgenommener und abgegebener Leistung bei der Energieumwandlung (Angabe in Prozent); z.B. Fotovoltaik: 10 %, Benzinmotoren: 25 %, Kohlekraftwerke: 45 %, Blockheizkraftwerke: 80 %.

Wohngebäude: Gebäude im Sinne der EnEV, die nach ihrer Zweckbestimmung überwiegend dem Wohnen dienen, einschließlich Wohn-, Alten- und Pflegeheime sowie ähnliche Einrichtungen.

Wohnungszentrale Trinkwassererwärmungsanlage: System zur Trinkwassererwärmung, bei dem die Wärme für das Trinkwasser in einem Gerät innerhalb der Wohnung erzeugt und über Verteilleitungen in mehrere Räume transportiert wird, mit Wasser als Wärmeträgermedium (Die Verteilleitungen sind in der Regel kürzer als bei zentralen Anlagen zur Trinkwassererwärmung und ohne Zirkulation ausgeführt.).

Zentrale Heizungsanlage: Heizungssystem, bei dem die Wärme in einem Gerät erzeugt und über Verteilleitungen in mehrere Räume eines Gebäudes transportiert wird, mit Wasser oder Luft als Wärmeübertragungsmedium.

Zentrale Trinkwassererwärmungsanlage: System zur Trinkwassererwärmung, bei dem die Wärme in einem Gerät erzeugt und über Verteilleitungen in mehrere Räume eines Gebäudes transportiert wird, mit Wasser als Wärmeträgermedium.

Normen, Richtlinien, Vorschriften

1. BImSchV: Erste Verordnung zur Durchführung des Bundes-Immissionsschutzgesetzes (Verordnung über kleine und mittlere Feuerungsanlagen)
Arbeitsblatt W120: Qualitätsanforderungen für die Bereiche Bohrtechnik, Brunnenbau und Brunnenregenerierung
DIN 18299 Allgemeine Regelungen für Bauarbeiten jeder Art
DIN 18330 Maurerarbeiten
DIN 18331 Betonarbeiten
DIN 18334 Zimmer- und Holzbauarbeiten
DIN 18336 Abdichtungsarbeiten
DIN 18338 Dachdeckungs- und Dachabdichtungsarbeiten
DIN 18339 Klempnerarbeiten
DIN 18340 Trockenbauarbeiten
DIN 18345 Wärmedämmverbundsysteme (WDVS)
DIN 18350 Putz- und Stuckarbeiten
DIN 18351 Vorgehängte hinterlüftete Fassaden
DIN 18352 Fliesen- und Plattenarbeiten
DIN 18355 Tischlerarbeiten
DIN 18361 Verglasungsarbeiten
DIN 18363 Maler- und Lackierarbeiten – Beschichtungen
DIN 18380 Heizanlagen und zentrale Wassererwärmungsanlagen
DIN 18381 Gas-, Wasser- und Entwässerungsanlagen innerhalb von Gebäuden
DIN 18384 Blitzschutzarbeiten
DIN 18385 Förderanlagen, Aufzugsanlagen, Fahrtreppen und Fahrsteige
DIN 18421 Dämmarbeiten an technischen Anlagen
DIN 18459 Abbruch- und Rückbauarbeiten
DIN 4108 Wärmeschutz im Hochbau
DIN 4708-2 Zentrale Wassererwärmungsanlagen – Regeln zur Ermittlung des Wärmebedarfs zur Erwärmung von Trinkwasser in Wohngebäuden

DIN EN 12831 Heizungsanlagen in Gebäuden – Verfahren zur Berechnung der Norm-Heizlast
DIN EN 12975-1 und -2 Thermische Solaranlagen und ihre Bauteile – Kollektoren
DIN EN 12976-1 und -2 Thermische Solaranlagen und ihre Bauteile – Vorgefertigte Anlagen
DIN EN 13384-1 Abgasanlagen – Wärme- und strömungstechnische Berechnungsverfahren – Teil 1: Abgasanlagen mit einer Feuerstätte
DIN V 18599 Energetische Bewertung von Gebäuden
DIN V 4108-6 Wärmeschutz und Energie-Einsparung in Gebäuden
DIN V 4701-10 Energetische Bewertung heiz- und raumlufttechnischer Anlagen – Heizung, Trinkwassererwärmung, Lüftung
DIN V 4701-10 Beiblatt 1: Informationen zu DIN 4701-10, jedoch ohne zusätzlich genormte Festlegungen
DIN-Taschenbuch 113: Erkundungen und Untersuchungen des Baugrunds
E DIN EN 15450 Heizsysteme in Gebäuden – Planung von Heizungsanlagen mit Wärmepumpen
E VDI 6002 Bl. 2 Solare Trinkwassererwärmung – Anwendungen in Studentenwohnheimen, Seniorenheimen, Krankenhäusern, Hallenbädern und Campingplätzen
EnEV 2009: Verordnung über energiesparenden Wärmeschutz und energiesparende Anlagentechnik
Muster-FeuVO: Muster-Feuerverordnung
Normen-Handbuch Bauphysik: Normen für das Studium – Brandschutz, Schallschutz
VDI 2067 Wirtschaftlichkeit gebäudetechnischer Anlagen
VDI 4640 Bl. 1 Thermische Nutzung des Untergrundes – Grundlagen, Genehmigungen, Umweltaspekte
VDI 4640 Bl. 2 Thermische Nutzung des Untergrundes – Erdgekoppelte Wärmepumpenanlagen
VDI 6002 Bl. 1 Solare Trinkwassererwärmung – Allgemeine Grundlagen, Systemtechnik und Anwendung im Wohnungsbau
Alle aufgeführten Normen sind beim DIN Deutsches Institut für Normung e.V. erschienen und erhältlich über den Beuth Verlag, www.beuth.de.

Literatur

Baulicher Brandschutz im Bestand, ISBN 978-3-410-16775-4, Beuth Verlag, Berlin
Der Instandhaltungsplaner, ISBN 978-3-448-08974-9, Haufe Verlag, Freiburg

Energiekosten für Gebäude senken, ISBN 978-3-448-09352-0, Haufe Verlag, Freiburg
Günstig bauen, ISBN 978-3-448-08072-8, Haufe Verlag, Freiburg
Oberflächennahe Geothermie, VBI-Leitfaden, Verband Beratender Ingenieure VBI, Berlin

Der Autor

Hans Jürgen Krolkiewicz arbeitet als beratender Ingenieur BDB (Bund Deutscher Baumeister, Architekten und Ingenieure e.V.) und freier Fachjournalist mit eigenem Büro in Köln. Er ist Mitglied im Deutschen Journalisten-Verband (DJV) und verfügt über mehr als 45 Jahre Berufserfahrung. Diese sammelte er als Planer, Bauleiter und öffentlich bestellter und vereidigter Sachverständiger im Hoch- und Tiefbau, als Redakteur und Chefredakteur verschiedener Fachzeitschriften sowie als Referent bei Fachseminaren. Er ist zudem Autor zahlreicher technischer Fachbeiträge, die in in- und ausländischen Zeitschriften erschienen.
Im Haufe Verlag veröffentlichte er bisher die Ratgeber „Günstig bauen“ (ISBN 978-3-448-10165-2), „Der Instandhaltungsplaner“ (ISBN 978-3-448-08794-9) und „Energiekosten für Gebäude senken“ (ISBN 978-3-448-09352-0).

Abbildungsnachweis

S. 136: BHW; alle weiteren Fotografien im Buch: Hans Jürgen Krolkiewicz

Stichwortverzeichnis